U0335843

汉  口

HANKOU JINDAI JIANZHU TUZHI

近代建筑图志

王汗吾 侯红志 韩少斌/编著

武汉出版社
WUHAN PUBLISHING HOUSE

（鄂）新登字08号

图书在版编目（CIP）数据

汉口近代建筑图志 / 王汗吾等编著. -- 武汉 : 武汉出版社，2024.12

ISBN 978-7-5582-5174-0

Ⅰ. ①汉…　Ⅱ. ①王…　Ⅲ. ①建筑史—汉口—近代—图集

Ⅳ. ① TU-092.5

中国版本图书馆 CIP 数据核字（2022）第 051501 号

汉口近代建筑图志

HANKOU JINDAI JIANZHU TUZHI

编　　著：王汗吾　侯红志　韩少斌

责任编辑：蔡文华　胡　新

助理编辑：雷　航

封面设计：沈力夫

版式设计：刘　蕾

出　　版：武汉出版社

社　　址：武汉市江岸区兴业路 136 号　　邮　　编：430014

电　　话：（027）85606403　　85600625

http://www.whcbs.com　　E-mail:whcbszbs@163.com

印　　刷：武汉雅美高印刷有限公司　　经　　销：新华书店

开　　本：787 mm×1092 mm　　1/16

印　　张：20　　字　　数：390 千字

版　　次：2024 年 12 月第 1 版　　2024 年 12 月第 1 次印刷

定　　价：118.00 元

关注阅读武汉
共享武汉阅读

导　言

第一次鸦片战争结束后，战败的清政府被迫签订了丧权辱国的《南京条约》，除了巨额赔款和割让香港岛外，还开放广州、福州、厦门、宁波、上海五处为通商口岸。十几年之后，英国和法国不再满足于中国东南沿海的几处通商口岸，将目光转向了上海背后的长江流域。第二次鸦片战争中，西方列强从中国南部沿海到北部沿海以及内地特别是长江流域的汉口、九江、镇江等地都获取了通商口岸。

1861 年 3 月 21 日，英国公使馆参赞巴夏礼与湖北布政使唐训方订立《汉口租界条款》，汉口正式开埠通商，并划定了英租界范围。1895 年和 1896 年，德国、俄国、法国借口在甲午战争后迫使日本将被割让的辽东半岛归还给中国这个“功劳”，相继在汉口设立了德租界、俄租界和法租界。1898 年，日本也在汉口设立了日租界。

汉口的开埠和外资进入武汉经济的各个领域，是由列强的侵略战争强加的，它加剧了中国与列强的民族矛盾，使中国人与外国人的直接冲突增多，深化了中国国内的政治、经济危机；但同时新的生产力和新的思想观念等也循着通商口岸和租界注入古老的中国衰朽的躯体之中，租界的开发建设及其管理对武汉城市建设的近代化进程具有一定的借鉴作用。

五国租界设立后，有众多领事馆、洋行、银行、工厂、货栈和码头的开设，教堂、学校、医院的建立，以及住宅、影剧院、俱乐部、跑马场等的建造，使西方近代建筑技术大量传入，汉口出现了空前的营造高峰。汉口租界区是武汉近代建筑最为集中的地方，自 1861 年设立英租界到 1945 年抗战胜利后接收日租界和法租界，前后历时 84 年。

19 世纪后半期，汉口租界区的建筑结构以砖木结构为主，主要建筑形式是东南亚殖民地式以及西方中世纪建筑和折中主义建筑的简化仿型，一般为 2~3 层，以怡和街（今上海路）的天主教堂和外滩的德国驻汉口总领事馆为代表；20 世纪初叶，建筑结构以砖混结构和钢筋混凝土结构为主，洋行、银行等一般 4~5 层（少数为 6~7 层），建筑形式有古典柱廊式、新古典主义和现代摩登式，其中古典柱廊式建筑以外滩的江汉关大楼和汇丰银行大楼等为代表，新古典主义建筑以外滩的花旗银行大楼和华俄道胜银行大楼等为代表，现代摩登式以安利英洋行大楼为代表。

在西方近代建筑技术的刺激下，汉口不仅出现了汉协盛营造厂等大型近代建筑公司，承建了半数以上的武汉大中型新式建筑，而且出现了以租界为对标的近代城区开发的案例——“模范区”。精彩纷呈的各种近代建筑，在汉口形成一道堪称“万国建筑博物馆”的亮丽风景线，其作为近代汉口的国际性工商业社区，生动地记录了东西方文化的融合，长期是武汉城市史研究者和建筑师研究的重点所在。

汉口租界区和“模范区”是武汉近代建筑最集中的地区，保存有大量各种近代建筑，其中有全国重点文物保护单位、湖北省文物保护单位 20 余处，有武汉市文物保护单位和武汉市优秀历史建筑近 200 处，还有一些暂未确定保护身份的历史建筑。它们是武汉重要的文化遗产，必将在保存历史文化记忆和对外文化交流方面，持久地发挥应有的作用。

在本书甄选的有代表性的近代建筑中，有一部分是过去的著作所没有收录的，如农商银行、日本住友银行暨湖北省银行、大陆银行旧址、黄陂商业银行、四川美丰银行、永泰和烟草公司暨邮政储金汇业局、江汉关已婚外班和外籍职员宿舍、比利时驻汉口领事馆、英国卜内门洋行、德国福来德洋行、汉口特区警察署旧址、大清邮政局、印度教会堂等，也有一部分是过去的名称不准确的，如江汉关官舍（过去称英国水兵宿舍）、汉口电报局（过去称西门子洋行）、那克伐申公馆（过去称俄租界巡捕房）、英国汇司公司（过去称英国福利洋行）等，都是很有史料价值的。

本书从汉口近代建筑中甄选出 137 处有代表性者，以图志形式供飨读者。其他相当数量的近代建筑，也在整理和编写中，即将结集续出。

目　　录

一、居住建筑

二、金融建筑

三、洋行、公司建筑

四、公共市政建筑

五、领事馆建筑

六、宾馆、娱乐建筑

七、工业建筑

八、宗教建筑

九、其他建筑

一、居住建筑

武汉中共中央机关旧址

地址：（现）胜利街 165 号，（原）俄租界玛琳街

结构：砖木

规模：3 层，建筑面积 1216 平方米

建筑年份：约 1919 年（英商怡和洋行公寓）

保护等级：全国重点文物保护单位

1927 年元旦，国民政府宣布从广州迁往武汉，中共大批干部也云集武汉，先期到汉的中央军委工作人员李强租下该楼，中共中央总书记陈独秀等中央机关部分工作人员于 4 月上旬入住。一楼为警卫人员住处及传达室，二楼是会议室、会客室。陈独秀

武汉中共中央机关旧址纪念馆后门的巷道

武汉中共中央机关旧址纪念馆陈独秀办公室兼卧室

武汉中共中央机关旧址纪念馆政治局常委会会议室

住三楼中间房。瞿秋白、蔡和森、彭述之、李富春、陈绍禹、毛泽东、沈雁冰等曾在此参加中央宣传委员会研究湖南农民问题的会议。中共中央多次在此召开会议，张太雷、李立三、罗亦农、邓中夏和共产国际代表鲍罗廷、罗易等亦多次来此。其间，中共中央在武汉召开党的“五大”、经历了蒋介石“四一二”反革命政变和汪精卫集团“七一五”反革命政变，党在革命的紧要关头召开八七会议，实现由大革命失败到土地革命战争兴起的历史性转变。9 月，中共中央机关陆续离汉返沪。这里被喻为大革命时期的“中南海”、“赤都”武汉的心脏，也是全国唯一以“中共中央机关旧址”命名的纪念馆。入选第七批全国重点文物保护单位名单。该楼坐西朝东，红瓦屋顶，临街立面下部为红砖清水墙，余为癞子灰外墙面。属欧式住宅建筑。

汉口中共中央宣传部旧址

地址：（现）吉庆街 126 号，（原）辅义里 27 号

结构：砖木

规模：2 层，占地面积 400.93 平方米，建筑面积 943.3 平方米

施工单位 / 人：广兴荣营造厂

建筑年份：1917 年

保护等级：全国重点文物保护单位

辅义里 27 号现为汉口中共中央宣传部旧址暨瞿秋白旧居陈列馆

1935 年 6 月 18 日上午，瞿秋白在长汀中山公园凉亭前拍完最后一张照片，被押至罗汉岭刑场，英勇就义，时年 36 岁

1927 年 3 月，时任中共第四届中央执行委员、中央局成员和宣传部委员的瞿秋白抵达武汉，在辅义里 27 号主持中共中央宣传部工作。其间，他推介了毛泽东的《湖南农民运动考察报告》，筹备了中共五大，与李维汉共同主持八七会议。此后根据中央要求，随中央机关一起离汉。辅义里为单元联排形制，有 2 层砖木结构楼房 60 栋，由“汉口巨富”刘子敬所建造。2013 年 5 月，辅义里 27 号被列为全国重点文物保护单位。现为汉口中共中央宣传部旧址暨瞿秋白旧居陈列馆。

中共中央领导人汉口住地旧址

原有名称：德林公寓

地址：（现）天津路22号，（原）英租界天津街

结构：钢混

规模：4层（3层正楼、1层气屋），建筑面积6544.24平方米

设计单位 / 人：景明洋行

施工单位 / 人：汉协盛营造厂

建筑年份：1925年

保护等级：全国重点文物保护单位

20 世纪 80 年代的德林公寓

1927 年“七一五”反革命政变后，中国共产党转入地下斗争，中共中央领导人周恩来、瞿秋白、李维汉和中共中央秘书邓小平及杨之华（瞿秋白之妻）等人在公寓南端第一栋二楼居住。南昌起义、秋收起义和八七会议的各项筹备工作都在这里秘密进行，瞿秋白在此翻译了共产国际代表罗明那兹起草的《中国共产党中央执行委员会告全党党员书》。1927 年 7 月 25 日，周恩来从这里出发，在陈赓陪同下乘船至九江抵南昌，领导南昌起义。1927 年 9 月，中共中央迁往上海，瞿秋白等人先后由此分赴各地，继续从事革命活动。德林公寓 1925 年由英商安利英洋行买办王霭臣的父亲、华侨王光投资兴建，为单元连体建筑，底层商铺，上层公寓，5 个单元，16 套房间，是当时英租界最豪华气派的西式公寓之一。

八七会议会址

原有名称：怡和新房

地址：（现）鄱阳街 139 号，（原）俄租界开泰街

结构：砖木

规模：3 层（局部 4 层），建筑面积 3018 平方米

设计单位 / 人：景明洋行 /［德］石格司

施工单位 / 人：汉协盛营造厂

建筑年份：1918 年

保护等级：全国重点文物保护单位

八七会议由瞿秋白主持

民国时期的怡和新房（左），八七会议在此处举行。右侧为巴公房子

1927 年 7 月下旬派到中国的共产国际代表罗明那兹参加了八七会议

该楼为怡和洋行大班杜百里委托德籍工程师石格司设计，1910 年至 1927 年间修建街面楼房 30 栋及路珈山路小洋楼 27 栋，为高档商住群，时称“怡和新房”。1927 年蒋介石、汪精卫先后叛变革命，在上海和武汉屠杀共产党人和革命群众，国共合作统一战线破裂。危急时刻，中共中央政治局于 8 月 7 日在这里召开紧急会议。会议由瞿秋白主持，李维汉为执行主席，共产国际代表罗明那兹出席。邓中夏、蔡和森、罗亦农、任弼时等人在会上发言，严厉批评党内右倾机会主义错误。会议通过由罗明那兹起草、瞿秋白翻译的《中国共产党中央执行委员会告全党党员书》，总结了第一次大革命失败的经验教训，撤销了陈独秀的总书记职务，选举了临时中央政治局，确定了土地革命和武装反抗国民党反动派的总方针。毛泽东在会上当选为中央临时政治局候补委员，他指出：“以后要非常注意军事，须知政权是由枪杆子中取得的。”邓小平作为中央秘书筹备和参加会议。

由于白色恐怖严重，会议仅开了一天。

汉口中华全国总工会旧址

湖北省总工会设机关于程汉卿公馆

（一）

原有名称：程汉卿公馆

地址：（现）友益街 16 号，（原）友益街 2 号

结构：砖混

规模：3 层，建筑面积 1607.59 平方米

施工单位 / 人：意大利建筑公司

建筑年份：1924 年

保护等级：全国重点文物保护单位

（二）

原有名称：叶凤池公馆

地址：（现）友益街 16 号，（原）友益街 2 号

结构：砖混

规模：3 层，建筑面积 1638.01 平方米

设计、施工单位 / 人：意大利建筑公司

建筑年份：1920 年

叶凤池公馆主立面

叶凤池公馆旧影

1926 年 10 月 10 日，湖北省总工会设机关于程汉卿公馆；1926 年 9 月 17 日，中华全国总工会汉口办事处成立，1927 年 2 月正式在汉口办公，设机关于程汉卿公馆同院叶凤池公馆。当时，中共中央成立中央工人部和工委，李立三为部长，由李立三、林育南、项英、刘少奇等 7 人组成工委。全总机关在大革命时期成为全国工人运动中心，大革命失败后迁往上海。

叶凤池为“叶开泰”第九代传人。叶开泰药店在明崇祯年间与北京同仁堂、杭州胡庆余堂、广州陈李济同为国内著名的四大药店。程汉卿为湖北督军王占元属下军法处长，北洋政府时期成为叶凤池的女婿。程汉卿公馆和叶凤池公馆两栋西式楼房犄角相对，形制至今未变。1926 年，北伐军攻克汉口，程偕夫人前往天津定居，程公馆被武汉国民政府以“逆产”名义没收。

詹天佑故居

地址：（现）洞庭街65号，（原）俄租界鄂哈街

结构：砖木

规模：2层，建筑面积532.12平方米

设计时间：1912年

设计单位/人：詹天佑

建筑年份：1913年

保护等级：全国重点文物保护单位

詹天佑（左）与家人在武汉

詹天佑（1861 年—1919 年），祖籍徽州婺源（今江西省婺源县），1861 年生于广东南海，1872 年考取清政府首批幼童出洋预备班赴美读书，耶鲁大学土木工程系毕业。1888 年就职于中国铁路公司，1905 年—1909 年任京张铁路总工程师兼会办，因提前两年修成京张铁路，在国内外引起轰动。1909 年任川汉铁路总工程师兼会办，次年任商办粤汉铁路总理兼总工程师，设总公所于汉口。1912 年任交通部技监，驻汉口专办铁路事，主持修改汉口至宜昌铁路线路设计，同年夏任中华工程师学会会长。在此期间，詹天佑买地建造私宅，定居汉口。他 1914 年任汉粤川铁路督办，督修粤汉铁路武昌至长沙段，1919 年 4 月 24 日在汉口病故。该楼房由詹天佑自行设计，属中西合璧式公馆建筑。现为詹天佑故居博物馆。

史沫特莱旧居（鲁兹故居）

地址：（现）鄱阳街32号，（原）英租界鄱阳街

结构：砖木

规模：2层，主建筑面积619.44平方米，副建筑面积135.60平方米

建筑年份：1913年前

保护等级：湖北省文物保护单位

洛根·赫伯特·鲁兹(Logan Herbert Roots)中文名为吴德施

1938年4月11日，八路军武汉办事处在屋顶花园举行告别宴会（前排左起：博古、吴德施、周恩来、王明）

美国人L.H.Roots（1870年—1945年），旧译鲁兹，汉名吴德施，哈佛大学文学院和剑桥神学院毕业，1896年11月由美国圣公会派遣来华，任武昌高家巷圣约瑟堂堂牧，1899年改任汉口圣保罗堂堂牧。1904年11月任湘鄂皖赣教区主教后，在此居住20多年。美国圣公会是武汉势力最大的基督教教派，有教堂52座，至1949年办有华中大学、文华图书专科学校和4所中学以及武昌同仁医院。吴德施在辛亥革命前曾营救日知会刘静庵等人。辛亥阳夏战争时，在圣保罗座堂建伤兵医院救助民军和灾民。1926年北伐军攻占武昌后，积极维护城区卫生，救济难民。1927年“四一二”反革命政变后，周恩来由上海潜来汉口隐居于此。武汉“七一五”反革命政变发生后，吴德施协助周恩来潜离汉口至南昌领导起义。1937年“七七事变”后，吴德施与外国记者艾格尼斯·史沫特莱、安娜·路易丝·斯特朗，中共领导人周恩来、邓颖超、朱德、彭德怀、秦邦宪，国民党人士冯玉祥、宋子文、孔祥熙、张群、王宠惠、吴国桢等均有交往。白求恩北上前线前，住吴德施家半月之久。该故居为早期南洋廊式建筑，二栋建筑间二层有楼道相通。

唐生智公馆旧址

原有名称：韩永贵堂

地址：（现）胜利街 163 号，（原）俄租界玛琳街

结构：砖混

规模：3 层，建筑面积 2110 平方米

建筑年份：1903 年

保护等级：湖北省文物保护单位

1903 年，俄国阜昌洋行经理莫尔恰诺夫购地兴建俄式住宅，该住宅 1926 年为汉口华商韩永清房产，1927 年为北伐军西路军总指挥、武汉卫戍司令唐生智宅邸，时称“汉口四民街唐宅”。唐生智（1889 年—1970 年），湖南东安人。毕业于保定军校，曾参

唐生智公馆内部改为了纪念馆

加辛亥革命和反袁护法战争。1926 年北伐军攻克武汉后卫戍汉口城防，1927 年支持汪精卫在武汉发动“七一五”反革命政变。“宁汉合流”时被推为国民党中央特别委员会委员，蒋桂战争后在汉口通电去职，东渡日本。全面抗战爆发后出任南京卫戍司令，南京失守后寓居汉口、重庆、东安等地。1949 年参与程潜的和平解放湖南行动，任湖南人民临时军政委员会委员。新中国成立后，任湖南省副省长、全国人大常委会委员、全国政协常委等职。公馆立面为三段式构图，上部有厚重檐口，屋顶两端建有罗马式圆形凸顶塔楼。二、三层中部退后，设通道式内阳台。

那克伐申公馆

地址：（现）黎黄陂路 8 号，（原）俄租界阿列克谢耶夫街

结构：砖木

规模：2 层，建筑面积 637 平方米

建筑年份：1902 年

保护等级：武汉市文物保护单位

《1926 年汉口特区（原俄租界）全图》标注其为“那克伐申”。那克伐申（D.J.Nakvasin 亦译为奈克发新、纳克非森等），俄商源泰洋行经理，这栋建筑为其住宅和洋行行址。源泰洋行当年在湖北五峰渔洋关、咸宁羊楼洞等有茶叶贸易，与顺丰、新泰、阜昌三家洋行一起被称为汉口茶市“四大俄商洋行”。那克伐申 1920 年曾出任俄租界工部局董事长，亦任汉口俄侨特别大会会长。1920 年 9 月，他曾代表俄侨向北京政府上“陈情书”，企图阻止汉口俄租界被收回。

房屋正面临黎黄陂路，主入口较小，上方设挑出阳台。底层窗设三角形罗马式窗楣，二层改圆弧形窗楣，条石砌筑勒脚，上部粉刷，有勒脚、窗台、檐口等五道水平向划分线。后部左侧临洞庭街面筑一八面坡尖顶瞭望塔，塔楼为俄罗斯建筑风格。1950 年以后，该建筑曾被江岸区财政局、区委党校、水务局等用作办公场所。

涂堃山公馆

地址：（现）车站路 10 号，（原）法租界河内街

结构：砖木

规模：2 层（不含低空层），主、副建筑 2 栋，建筑面积 1718.92 平方米

建筑年份：1917 年

保护等级：武汉市优秀历史建筑

涂堃山，基督教徒，懂英语，1914 年—1930 年任英商亚细亚火油公司汉口分公司买办。其间，他与公司同人在湖北及周边建起庞大推销网络，设总庄（总代销店）于鄂东、鄂西区，襄府河、粤汉、湘西线等 48 个市、县，使公司销售规模稳居同行前列，稳坐买办位数十年。1949 年武汉解放前夕，涂堃山赴美定居。之后公馆被解放军空军部队接管，曾作空军高级将领傅传作住宅。20 世纪 90 年代后由武汉远航贸易有限公司使用。

建筑入口设于中部，凸出门框造型，两侧为精致的多立克柱，精细半圆券拱。上部缀形似檐口装饰横带，中部变化山花装饰起收进效果。为欧洲古典主义建筑形制。

涂堃山于公馆庭院内

修复后的涂堃山公馆内部

萧耀南公馆

地址：（现）中山大道 911 号，（原）法租界亚尔萨兰尼省街

结构：砖木

规模：（现）4 层，建筑面积 2784 平方米；（原）2 层，建筑面积 1164.08 平方米。该建筑后门有一石库门建筑，建筑面积为 412 平方米；其右邻一栋西式建筑，建筑面积 650.10 平方米，以二层外廊相接连通，形成建筑群体

施工单位 / 人：罗万顺营造厂

建筑年份：1924 年由法租界工部局挂旗修建，1925 年建成

保护等级：武汉市优秀历史建筑

萧耀南（1875 年—1926 年），湖北新洲孔埠镇米筛湖村萧家大湾人。1921 年 7 月湖北驱逐王占元运动中，吴佩孚辖下二十五师师长萧耀南率军入汉迫王辞职，萧耀南出任湖北督军，时称“鄂人治鄂”。1923 年 2 月 7 日，萧耀南派人镇压京汉铁路工人大罢工，制造“二七”惨案，杀害共产党员林祥谦、施洋等。后参与曹锟贿选总统事，升任两湖巡阅使兼湖北省省长。1924 年 5 月 13 日，派军警搜捕国共两党人士，制造“汉口之党狱”。英国人制造汉口“六一一”惨案，萧被各界斥为卖国媚外。1925 年 10 月折奉战争后，因被十四省“讨贼”联军总司令吴佩孚逼付军饷而倍感愤懑，1926 年 2 月 14 日发病逝世，停柩于督署（武昌红楼）。萧公馆在新中国成立后曾作长江水利委员会、江岸区车站街办事处办公楼。该楼三段构图，顶层檐口厚重，平面房顶。中间 5 间设内廊，两侧开间有边窗，正门入口设台阶，地板下设低空层，外墙粉假麻石，细部花饰突出，有新古典主义元素。

周苍柏公馆

地址：（现）黄陂村 6—7 号，（原）俄租界铁路街

结构：砖混

规模：2 层，2 栋，建筑面积 661.08 平方米

建筑年份：1920 年

保护等级：武汉市优秀历史建筑

周苍柏（1888 年—1970 年），湖北汉阳人。美国纽约大学商学士毕业，1917 年回国任上海商业储蓄银行汉口分行行长，该公馆是其在行长任上时所置办。周苍柏的祖父为汉阳周恒顺机器厂创办人周庆春。周公馆由周苍柏与其夫人董燕梁、长女周小燕（女高音歌唱家）、次子周德佑、三子周天佑一起居住。全面抗战爆发后，周德佑参加中共领导的第七演剧队，为宣传抗日积劳成疾，于 1938 年 3 月去世，中共领导人周恩来、董必武、邓颖超、叶剑英，国民党要人陈诚等到周公馆悼念。周家与周恩来有密切交往，

周苍柏先生一家（后排从左至右：周小燕、董燕梁、周苍柏、周德佑）

1933 年，16 岁的周小燕在汉口周苍柏公馆留影

1937 年，周德佑在汉口家中

对中国共产党抱有感情。皖南事变后，新四军军长叶挺的家属曾被接到周公馆居住。新中国成立后，周苍柏将私产悉数捐献给人民政府，现在的东湖风景区即在他的东湖海光农圃基础上扩大建成。新中国成立后，周苍柏历任中央人民政府政务院财经委员会委员等职。周苍柏 1970 年在北京病逝，葬于八宝山革命公墓。周苍柏公馆建筑为红瓦坡屋顶，以山墙作楼体正面，清水灰砖外墙局部作水泥拉毛装饰，门窗为直角框架，二层设挑出露台，宽阔拱券门通往内室。属英国别墅式庭院建筑。

李石樵公馆

地址：（现）中山大道1622号，（原）日租界新小路

结构：砖混

规模：4层，建筑面积671.09平方米

建筑年份：约1931年

保护等级：武汉市优秀历史建筑

左为夏斗寅汉口公馆，右为李石樵公馆

李石樵(1891年—1952年)，原名李高培，湖北浠水人。保定军校第六期步兵科毕业，后投靠广西军队，历任师长、军参谋长、鄂东清乡司令等职。1929年5月28日在第16师中将师长任上被蒋介石缴械，后避居上海。同年12月出任护党救国军第4路军第17军中将军长，1930年1月反蒋失败后避居汉口。1937年后历任湖北省第6区行政督察专员兼保安司令、鄂东行署主任等职，1946年寓居武汉。1948年7月加入国民党革命委员会，1952年11月在武汉病逝。20世纪30年代初，李石樵在汉口日租界新小路建成此楼，李家人住东楼，西楼为客房。1937年12月，项英回武汉筹建新四军，受邀住进李公馆西楼二层客房。公馆为青灰色铁砂砖外墙，立面呈“凹”字形布局，入口两侧有半八角形平面房各一该间。楼面设精细砖雕腰线，屋顶为平屋面。

李凡诺夫公馆

地址：（现）洞庭街 90 号，（原）俄租界鄂哈街

结构：砖木

规模：3 层，建筑面积 1817.50 平方米

设计单位 / 人：景明洋行

施工单位 / 人：汉口广兴隆营造厂

建筑年份：1902 年

保护等级：湖北省文物保护单位

李凡诺夫公馆旧影（1914 年）

李凡诺夫公馆亦称李凡诺夫夫人公馆。李凡诺夫，俄商顺丰砖茶厂厂主。其中文译名甚多，还有季凡诺夫、李维诺夫、李特芬诺夫、利文诺夫、斯特芬诺夫、巴提耶夫等。李凡诺夫生卒年代不详，可能来自俄国喀山，甚至有人说，从来到汉口到离开汉口的李凡诺夫不是同一个人，而是父子。有资料记述李凡诺夫 1861 年来汉开设顺丰洋行，主营中俄茶叶购销。1863 年在湖北羊楼洞开设顺丰砖茶厂，该茶厂 1873 年—1874 年间迁至英租界下首，采用新式蒸汽机制茶，与俄商阜昌、新泰等砖茶厂齐名，获利颇丰。1917 年十月革命后顺丰厂关闭。在当年的汉口俄租界，从今天的黎黄陂路至车站路、沿江大道至洞庭街，许多房产都属于李凡诺夫及其夫人。李凡诺夫公馆曾用作武汉市社会学学会办公室，20 世纪 90 年代为别克·乔治酒吧，2007 年为冷军画室。1997 年，李凡诺夫的孙女曾带着她的儿子和两个孙子前来“寻根”。

该建筑清水外墙，立面活泼。底层有几处大圆拱形门洞，中部底层收进，二、三层为外走廊，三层端部建一红瓦六角尖角楼。属斯拉夫别墅式建筑。

日本汉口明治寻常高等小学校校长公馆

地址：（现）芦沟桥路 66 号，（原）日租界大正街

结构：砖混

规模：3 层，建筑面积 924.84 平方米

建筑年份：1920 年前后

保护等级：武汉市优秀历史建筑

汉口原山崎街（今山海关路）的日本明治寻常高等小学校

1909 年 3 月 23 日，日本居留民团在日租界山崎街（今山海关路）筹资开办六年制完全小学——日本明治寻常高等小学校，后迁河街（今沿江大道）、平和街（今中山大道末段）。1922 年—1931 年，学校常年保持教师约 10 人，学生约 350 人。1946 年秋，学校停办。

日本明治寻常高等小学校校长公馆在日租界大正街（今芦沟桥路），2007 年经整修恢复原貌。建筑平面呈“U”字形，以出入口为中心，左右对称布局。中间为三层主楼，屋面为中国传统双坡出山屋顶；两边辅楼为四坡屋顶，局部退层形成晒台。正立面一层入口处设单层柱廊，上部设外廊，二、三层壁柱上下贯通，柱头、柱础有简洁装饰。有新古典主义建筑元素。

周星堂故居

地址：（现）兰陵路 58-2 号，（原）俄租界玛琳街

结构：砖混

规模：2 层，建筑面积 2493.14 平方米

施工单位 / 人：汉昌济营造厂

建筑年份：1923 年

保护等级：武汉市优秀历史建筑

周星堂像

周星堂（注：周星堂在旧汉口市政府官方及民间材料一般写为“棠”，经其孙女指正应为“堂”）（1877 年—1942 年），原籍浙江绍兴，生于汉口。1897 年在汉口经营晋安、阜通钱庄，后开办盈丰玉米厂，一度兼日本住友银行买办。1906 年参与建造华商跑马场，1909 年在德租界开办公兴存转运公司，曾兼任湖北督军萧耀南的顾问。从 1923 年起，连任两届汉口华商总会会长。1927 年汉口发生“一三”惨案，周星堂被各界推为向国民政府请愿的代表，要求收回英租界。抗战时期任国民参政会第一、二届参议员。1942 年在重庆病故。周公馆左右对称布局，正立面由壁柱作纵向划分，柱身有横向线条勾勒。二层设多立克式倚柱外廊。有文艺复兴式建筑元素。周星堂 1923 年—1938 年居住在此。该公馆 1951 年被武汉市某机关租用。1964 年，周家将其捐献给国家。其后由江岸区结核病防治中心使用。

巴公房子

地址：（现）鄱阳街 46—56 号，（原）俄租界开泰街

结构：砖混

规模：4 层（原 3 层），地下 1 层，建筑面积 10185.77 平方米

设计时间：1909 年

设计单位 / 人：景明洋行

施工单位 / 人：永茂昌、广大昌营造厂

建筑年份：1910 年

保护等级：湖北省文物保护单位

1910年刚建成时的大巴公房子，此时，巴公房子的另一部分——小巴公房子还未建成

1914 年左右建成的小巴公房子

巴公房子由南、北两栋房子连体组成。俄国茶商 J.K. 巴诺夫人称“大巴公”，1910 年投资建成南边一栋，委托比利时义品洋行出租经营，1912 年离汉后售予广东银行。“大巴公”系俄国贵族，1869 年来汉应聘新泰洋行大班，1874 年与英、俄商人开办阜昌洋行，任联合经理。1902 年前出任过俄国驻汉口领事。巴公房子平面呈锐角三角形，中部为三角形天井，单元式布局，内设 220 间 2 室 1 厅、3 室 1 厅套房。建筑立面严谨对称，内廊铺大理石，外廊铺间花，马赛克地坪，拼木地板，木墙裙，壁炉采暖。巴公房子有较多文艺复兴式建筑元素。

珞珈山街房子

地址：（现）珞珈山街 1—46 号，（原）俄租界洛克比街

结构：砖混

规模：3 层，建筑面积 11723 平方米

设计单位 / 人：景明洋行 /［德］石格司

施工单位 / 人：汉协盛营造厂

建筑年份：1910 年—1927 年

保护等级：武汉市文物保护单位

威廉·渣甸像

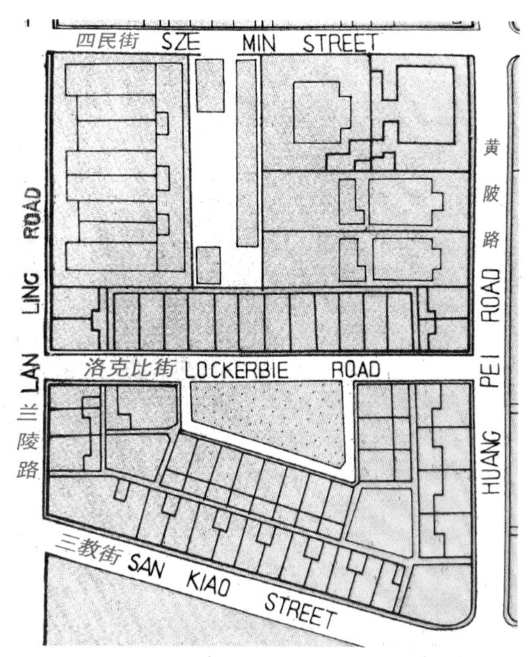

1930年法租界工部局绘制的《法租界图》（局部）

1896年6月，俄罗斯与清政府签订《汉口俄租界地条约》，在俄、法租界形成前，英国人购买了今珞珈山街房子所在地块，俄国人不予承认。1899年8月22日，英、俄士兵在此对峙，俄方寡不敌众，最终在俄租界内形成一个英国人的势力范围，怡和洋行在此筑成高档公寓社区，名为怡和房子和怡和新屋。

珞珈山街原英文路名Lockerbie，是苏格兰邓弗里斯郡的一个小镇，1988年的“洛克比空难”使其世人皆知。怡和洋行创办人威廉·渣甸为邓弗里斯郡人，路名来源于此。1927年后改为中文路名珞珈山路，1946年调整为珞珈山街，1967年曾改名韶山横街，1972年复名珞珈山街至今。房屋建筑为红砖清水墙面，侧面露天台阶通二层。房屋平面及立面墙身不规则，窗户大小不一，上下错落，红瓦坡顶。该建筑体现出西班牙建筑艺术风格。

邮务长官邸

地址：（现）中山大道 889 号，（原）法租界亚尔萨兰尼省街

结构：砖木

规模：2 层，建筑面积 641.95 平方米

建筑年份：1913 年前

保护等级：武汉市优秀历史建筑

邮务长官邸旧貌（1913 年）

邮务长官邸曾被刷成白色，现已恢复红砖清水墙面，颇具历史感

该建筑 20 世纪 30 年代—40 年代为湖北邮政管理局局长许季珂宅邸。许季珂（1896 年—1962 年），湖北云梦人。武昌文华大学毕业后考入汉口邮局。1920 年在河南、甘肃、辽宁等邮政管理局任视察、科长、秘书等职。1931 年在东北收集日本侵略中国的事实，提供给国联李顿调查团。1937 年奉派为全国军邮总视察，1938 年任湖北邮政管理局局长。1945 年 9 月抗战胜利后在汉口接收沦陷区湖北邮政管理局，1946 年 7 月兼任汉口市前法租界官有资产与官有义务债务清理委员会委员，1949 年 2 月任湖北省财政厅厅长。1950 年 1 月赴台湾，1962 年在台北逝世。1950 年后，该楼房由武汉市邮政局使用，曾用作幼儿园。该楼左右对称式布局，一、二层设外廊，勒脚部分为石块架空层，壁柱及券拱组成立面。该楼为武汉地区早期西式风格建筑。

江汉关官舍

地址：（现）胜利街 261 号，（原）德租界威廉大街

结构：砖木

规模：2 层，建筑面积 3000 平方米

建筑年份：1914 年前后

保护等级：武汉市优秀历史建筑

该建筑在《1917 年汉口特别区（原德租界）全图》上标注为“江汉关”。1924 年的《汉口市街新图》标示此处为税关官舍。依据 1869 年海关总税务司赫德制定的《大清国海关管理章程》，江汉关划分内班、外班关员的等级、职能。内班有正副税务司、帮办、税务员等 27 个级别，外班有正副监察长、监察员、验货员等 16 个级别。此官舍为内班高级职员住所。新中国成立后曾用作武汉市民政局、市福利彩票发行中心办公楼，后搬迁腾退空置。现为武汉市地方金融管理局办公楼。该建筑为二层红瓦坡屋面楼房，平面呈“凹”字形，一、二层为连续罗马券拱外廊，背立面分别由一处两坡硬山屋面和一处四坡歇山屋面组成，相互联系又各具特色。外立面由水泥砂浆与清水红砖制成，有文艺复兴式建筑元素。

江汉关官舍整修前

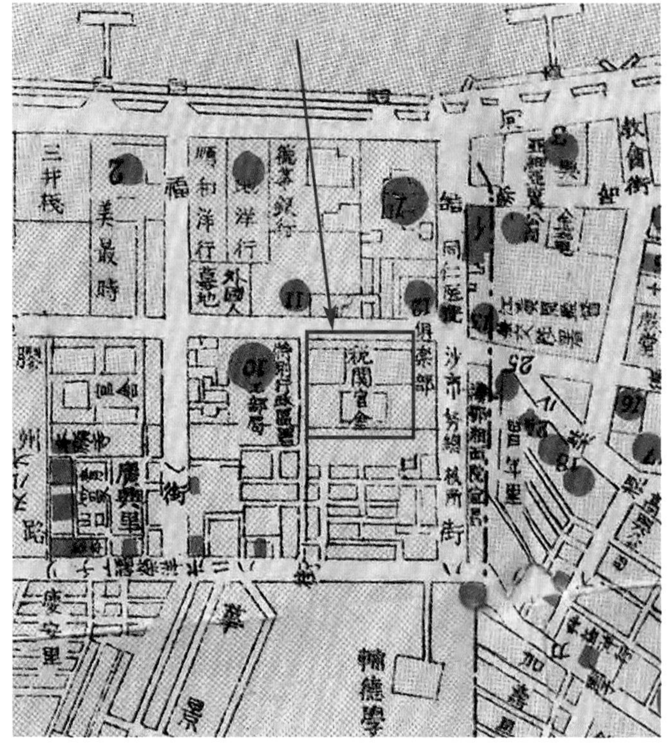

1924 年由日本东京敬文社印制的《汉口市街新图》（局部）

胜利街 333 号

地址：（现）胜利街 333 号，（原）日租界中街

结构：砖木

规模：2 层，建筑面积 456.16 平方米

设计单位 / 人：［日］福井房一

施工单位 / 人：大仓土木组

建筑年份：1911 年前

保护等级：武汉市优秀历史建筑

辛亥革命阳夏战争期间，日租界侨民在该建筑屋顶观战

该建筑初为日租界洋行办公楼，20 世纪 20 年代为日本同仁会医院院长住宅。建筑左侧原有三层塔楼，1944 年 12 月美军空袭日租界时炸毁楼顶，现余二层。同仁会于 1902 年 6 月在东京成立，以对外推行日本医学、医疗技术为目的，后随着日本侵略势力的扩张而发展，日本战败后解散。1923 年 1 月，日本同仁会在日租界山崎街创办同仁会医院，院长为日本人武政一，将“务求外观与设备远超长江流域他国医疗设施，而为日本扬眉吐气”作为办院目标。1937 年全面抗战爆发后，按照日本使馆要求，医院医护人员撤退回国。1938 年 10 月武汉沦陷后，汉口诊疗班受日军之命回汉，因医院设施毁于战火，另选址法租界平汉铁路管理局为新诊所。该建筑整体呈矩形平面，左右对称布局，中间略向外凸。入口为柱式门斗，拱券大门，上方精美三角形山花。清水红砖墙面，墙体设砖砌凹条装饰，白色檐线、腰线。弧形拱窗与直角长窗错落相间，窗框上下缀白色图案花饰。红瓦四坡屋顶。该建筑是典型的日本“辰野式”建筑风格。

日本教师住宅

地址：（现）中山大道 1622 号，（原）日租界中街

结构：砖混

规模：4 层（原 3 层），原建筑面积 1041.19 平方米

建筑年份：1931 年前后

保护等级：武汉市优秀历史建筑

该建筑 20 世纪 30—40 年代为日本汉口明治寻常高等小学教师住宅。日本汉口明治寻常高等小学是清末及民国时期日本侨民子弟小学。2003 年，该地段由武汉瑞安房地产公司开发，开发过程中“整旧如旧”，基本还原建筑原貌。建筑呈四方分布，正立面楼梯直通二层，一、二、三层均设外廊，每层缀有砖制腰线，屋面设女儿墙栏杆。

江汉关已婚外班和外籍职员宿舍

地址：（现）胜利街259号6-9，（原）德租界威廉大街

结构：砖木

规模：2层，建筑面积1654.27平方米

建筑年份：1914年前

保护等级：武汉市优秀历史建筑

江汉关设立后，根据1869年制定的《大清国海关管理章程》划分关员等级、职能。1910年，江汉关华人职员有749人，洋职员有63人。约1914年建成的这栋宿舍只住已婚外班华人职员和外班洋职员。该宿舍主立面扁平，由壁柱划分，门窗方正，构图简约。为近代公寓建筑。

江汉关已婚外班职员和外籍职员宿舍旧影

福忠里

地址：南京路、吉庆街、汇通路、江汉二路围合区

结构：砖混（木）

规模：地上 2~3 层，建筑面积 14713.39 平方米

设计单位 / 人：比商义品放款银行

建筑年份：1924 年前后

保护等级：武汉市优秀历史建筑

福忠里二层角楼

20 世纪 20 年代初，由张、王、陈三户合资委托比利时义品放款银行建房成里，取名福忠南、北里，1967 年改名风雷一、二里，1972 年合并后复名福忠里。张姓业主全名张福来，河北献县人，历任北洋军旅长、师长、河南督军等职，被称为吴佩孚“四大金刚”之首。1924 年第二次直奉战争时任直系援军总司令，因战事失利全军覆灭，张福来只身逃到汉口，依附于同属直系军阀的湖北督军萧耀南。时年，“汉口地皮大王”刘歆生与汉口华商发起建设“模范区”，张福来拿出历年积蓄与王、陈两家合伙建里。福忠里二层四角建有角楼，形若堡垒，由张福来主张所建。20 世纪 40 年代，武汉知名中医师黄寿人曾在福忠里 1 号挂牌应诊，黄后任武汉中医院院长。1948 年—1949 年，广告业同业公会亦设于此。该里有 8 排房屋，中间 4 排呈东西向排列，其余分列于四周，转角以角楼连接，出入口形如城门洞，是汉口唯一空间布局形若堡垒的里分。

汉润里

地址：（现）中山大道 952—960 号，（原）英租界湖北街

结构：砖混

规模：3 层，35 栋，占地面积 9122 平方米，建筑面积 29050.25 平方米

建筑年份：1912 年

保护等级：武汉市优秀历史建筑

1925 年 6 月 11 日，汉口码头工人罢工，湖北督军萧耀南派出军警配合英军向游行队伍开枪射击，制造了汉口“六一一”惨案。图中市街系湖北路，左为汉润里，右为新昌里，地上破残之自行车乃日本大江商会暨大丰洋行之货物

汉润里建于 1912 年，投资人周扶九是江西人，为国内著名盐商。1921 年周去世后，汉润里被转卖给程沸澜、程子菊叔侄。汉润里由英商通和洋行“挂旗”修建。1921 年至 1948 年间多有钱庄开设于此。1918 年，金城银行汉口分行设于汉润里，直至 1930 年新楼建成。大孚银行、聚兴诚银行初期亦设于此。北伐军攻占武汉三镇后，华商总会、《时事类编》、《大公报》（汉口版）办公地点及武汉新闻记者联合会曾设于此。名士余洪元、梅兰芳、金少山、胡风等曾涉足其间。1937 年 9 月，董必武到武汉，住在 42 号熊子民家。大汉奸叶蓬抗战胜利后在此被捕，后被枪决。1948 年 1 月，马哲民、李伯刚等在汉润里 32 号唐午园家秘密成立民盟汉口市支部筹委会，中共中央南方局武汉市委（地下）成员郭治澄、林霁霞隐居汉润里，为迎接武汉解放开展工作。汉润里与金城银行隔路相望，北通文华里，南临宝润里、崇正里。街面房全长 125 米，三层商住楼，下店上宅。为租界时期高等里分建筑。

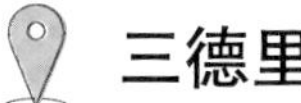

三德里

地址：（现）中山大道海寿街口，（原）法租界西贡街

结构：砖木

规模：地上 2—3 层，建筑面积 12361.86 平方米

施工单位 / 人：南里：不详；北里：明昌裕营造厂

建筑年份：1901 年

保护等级：武汉市优秀历史建筑

三德里于 1901 年由浙商刘贻德三兄弟所建，后由义品洋行“挂旗”经租。浙江湖州“南浔四象”之首刘镛的次子刘锦藻，堂号贻德堂，亦称刘贻德，清末甲午科进士及第。刘氏名声在于整理文献，中年以后穷二十余年之功力，于 1921 年编成 400 卷的《清朝续文献通考》，为著名政书“十通”的收官之作。他还在南浔建有藏书楼“嘉业堂”。三德里历史印痕丰富：1916 年 7 月 22 日，云南驻汉政学商界在 36 号创办《大中华日报》；1927 年大革命失败后，中共早期领导人向警予在 27 号被捕，牺牲于汉口余记里空坪；30 年代，法国人那嘉利在此开设那嘉利汽水厂；1937 年全面抗战爆发后，周恩来的英文翻译冀朝铸（后任联合国副秘书长）曾避居三德里；在台湾任国民党秘书长的李焕少年时期曾居 25 号；另有时记照相馆、应元记车行、邹协和金号、波衣也琴行等曾在此经营。三德里为汉口早期石库门里分建筑，有住宅112栋，分南、北里。

民国时期在三德里租屋经营的应元记车行

从中山大道海寿街口看三德里

鸟瞰三德里

泰兴里

地址：（现）胜利街与车站路之间，（原）法租界德托美领事街
结构：砖木
规模：2 层，17 栋
建筑年份：1907 年
保护等级：武汉市优秀历史建筑

泰兴里小景

泰兴里是汉口唯一带院子的里分，由俄国茶商建成，后委托汉口著名房地产经纪商义品洋行管理。1908 年，上海巨商叶澄衷“挂旗”购置泰兴里。泰兴里曾是以詹天佑为会长的中华工程师学会所在地。抗战胜利后，这里曾发生一件公案：湖北黄冈人方本仁从军界起步，曾任湖北省代理省主席，后弃政从商。1938 年 10 月武汉沦陷后，因母亲去世，方本仁从重庆奔丧回黄冈，后在泰兴里当寓公。抗战胜利后，某“接收大员”接收敌产，查抄方宅。后该“接收大员”受到贪污指控，并被通缉，方氏的家具陆续被追回。1945 年 10 月，董必武经武汉去重庆参加国共谈判，方本仁安排他入住德明饭店，并每日为其备膳。1949 年 5 月武汉解放前夕，方坚辞白崇禧请他担任湖北民军总指挥的任命，留在武汉迎接解放。该里分为单栋联排形式，“一巷一口”主巷型布局。住宅均为红瓦坡屋顶，下有架空层，半拱圆窗，局部有外廊。

同兴里

地址：（现）洞庭街 83 号，（原）法租界德托美领事街

结构：砖混

规模：2 层，建筑面积 13649.72 平方米

设计单位 / 人：义品洋行

施工单位 / 人：武昌协成土木建筑厂、永茂隆营造厂

建筑年份：1928年—1932 年

保护等级：武汉市优秀历史建筑

《武汉地名志》记载，（同兴里）原是大买办刘子敬的私人花园，1928 年前后，由徐、刘等 16 家，在此建楼房 25 栋，形成居民区，以美好愿望称同兴里。《汉口租界志》称："1932 年由华商周纯之等人投资建成。1967 年曾改名为'烽火一里'，1972 年恢复'同兴里'原名。"刘子敬是华俄道胜银行和阜昌洋行买办，曾创办震寰纺织公司，曾任中国红十字会汉口分会会长和汉口华商跑马场董事长。同兴里巷口建筑为梁俊华公馆。梁俊华是法国东方汇理银行汉口分行买办，时任浙江实业银行经理。同兴里曾有数座钱庄，如 3 号是祥发钱庄，董事长贺衡夫、总经理王正宇；8 号是瑞怡

同兴里住宅有几种不同形式的入口

钱庄，董事长何粤楼、总经理何瑞士；9 号是晋安钱庄，董事长潘用五、总经理范浙门。武汉解放前夕，时任中共中央中原局社会部情报工作二组组长的彭其光设秘密电台于同兴里 21 号，为促成国民党军张轸部队起义和武汉解放作出贡献。21 号刘姓商家女儿刘虹、大儿媳桑岱久亦为中共地下工作人员，武汉解放时江汉关上升起的红旗即为刘家赶制而成。同兴里全长 230 米，东通洞庭街，西出胜利街。40 余栋石库门房屋为单元式组合，内空高，进深大，装百叶窗。外墙仿麻石粉刷，门窗上缀精致花饰。

延庆里

地址：胜利街二曜小路口

结构：砖木

规模：2层，门牌1—15号

建筑年份：1933年

保护等级：暂未确定

延庆里、四宜里的生活情景

延庆里位于胜利街与二曜小路相交处西北侧。东口出胜利街，巷口有过街门楼，西口与四美里相通，全长 75 米，宽 5 米，水泥路面。由钟恒记营造厂老板钟延生建房成里，故以其姓名中的“延”字冠名，得名延庆里。1967 年改名向阳里，1968 年改名朝阳一里，1972 年复名延庆里至今。里巷内均为二层砖木结构楼房，式样相近，排列整齐，巷道交错。

黄陂二里

地址：（现）黄陂二里 3—9 号，（原）俄租界铁路街

结构：砖木

规模：3 层，建筑面积 1708.78 平方米

建筑年份：1920 年前后

保护等级：武汉市优秀历史建筑

20 世纪 20 年代初形成里巷，据传由三家合资建成，故名三合里。1967 年改名韶山二里，1972 年由黎黄陂路派生得名黄陂二里至今。民国时期，其业主在汉口特区常年大会选举人中有一票权力。曾有一家奥地利雅利洋行开设于此。里弄为红砖清水墙，多为两层半建筑，地上两层居住，地下半层用于通风。外立面简单线条勾勒，不对称式布局，左侧设突出飘窗及阳台，入口处圆拱式门楼，柱式及牛腿处细部设花饰，木质大门，红瓦斜屋顶。正面单侧有多角突出，设突出式楼梯和拱门石柱。

大陆坊及街面房

地址：（现）中山大道 926—936 号，（原）特三区湖北街

结构：砖混

规模：2—3 层，15 栋，占地面积 5751.14 平方米

设计时间：1930 年

设计单位 / 人：庄俊
施工单位 / 人：李丽记营造厂
建筑年份：1931 年
保护等级：武汉市优秀历史建筑

大陆银行 1919 年由谈荔孙、许汉卿、万弼臣、曹心谷等发起成立，总行设天津，1923 年设汉口分行。1923 年行址在太平街（今江汉路）。1924 年在铭新街建欧式办公楼，1927 年办公楼被武汉卫戍司令部军法处征用。1930 年，在法租界建分行大楼，在扬子街口设办事处。1931 年在南京路建分行新楼，并建成大陆坊。1938 年武汉沦陷前停业，抗战胜利后在原址复业。1952 年，汉口分行参加公私合营银行而结业，大楼改为武汉市茶叶公司办公及营业点，后底层作商业出租。大陆坊街面房有三层砖混结构西式房屋 15 栋，底层为商店，二、三层为住宅。红砖清水墙，窗台线、檐口等细部水泥砂浆粉刷。

咸安坊

地址：胜利街南京路口附近

结构：砖木

规模：2 层，建筑面积 16362.19 平方米

施工单位 / 人：汉兴昌、袁瑞泰、阮顺兴等 4 家营造厂

建筑年份：1933 年

保护等级：武汉市优秀历史建筑

咸安坊 2012（游家祥 摄）

该里分南段 1932 年由业主王奇峰等 7 人合建，称同仁里；北段 1933 年由业主张韵轩等合建，称咸安坊；中段称启昌里、德永里，亦同时建成。1967 年里坊合并，改名灭资里，1972 年统称咸安坊。20 世纪 30 年代—40 年代，坊内钱庄多至 62 户，居民多为非富即贵之人。咸安坊 15 号房主黄少山为汉口“棉花大王”，张韵轩为大冶源华煤矿大股东，王春华曾任兴记新市场（民众乐园）董事长。陈伯华曾租住咸安坊，在此邂逅原冯玉祥部参谋长、商人刘骥，结成伉俪。女作家萧红、航运巨头卢作孚、药业大王陈太乙、辛亥老人喻育之亦曾在此留下足迹。1949 年后，咸安坊收归国有，作为公房安置南下干部、企事业职工等居民。里分全长 320 米、宽 6 米，多条巷道纵横交错，住宅前后设天井，室内由金属材质窗户、通风口和打蜡的地板构成，当年这种“钢窗蜡板”是高等石库门里弄的标志。

保元里街面房

地址：保华街 1—31 号

结构：砖木

规模：3 层，建筑面积 6242.01 平方米。

建筑年份：1912 年

保护等级：武汉市优秀历史建筑

清代上海道台桑铁珊转入商界后，在汉口修建“保”字头里分保元里、保和里、保安里、保成里等。此段为保元里临街房屋。1907 年汉口城垣拆除后，英租界当局在租界边缘筑砌铁栅围墙，在今大智路开一较大通道，在今保成路、南京路、汇通路等地开临时缺口，黄石路缺口有铁门，京汉铁路支线火车通行时才打开，其他临时缺口经常关闭，令行人极感不便。刘歆生等人建设“模范区”时，中英双方经过多次交涉，后订立合同，由中国官厅拆除围墙，费用自负，还需每年补助英租界道路修理费白银 3500 两。为伸张“主权”，中方将这段零落不整的街道取名“保华街”。1947 年，保元里转为湖北省银行房产。保元里临街部分建有阳台，屋檐口有山花装饰，檐口上建女儿墙，外墙假麻石粉饰，屋面为红瓦大坡顶。

图中左侧为中国银行大楼，马路上的条状围墙为 1907 年英租界当局构筑的隔离栅栏

 中山大道 891—903 号

地址：（现）中山大道 891—903 号，（原）法租界西贡街

结构：砖木

规模：2 层，建筑面积 1180 平方米

建筑年份：1901 年

保护等级：武汉市优秀历史建筑

该建筑历史沿革不详。为公寓式建筑，对称式布局，外立面为红、青砖混合清水墙，弧形窗券，红瓦坡顶，细部线条及拼花全部砖砌组成，底部设架空层，木制望板花饰。有古典主义建筑元素。

建成初期影像

1929 年 1 月 29 日，“汉口”号飞机从长江航运至汉口，从码头上岸拖往王家墩机场飞往广州。图为工人拖飞机从法租界亚尔萨兰尼省街（今中山大道海寿街路口）该楼房前经过

上海村

原有名称：致祥里、鼎安里、上海邨

地址：（现）江汉路胜利街口附近，主入口处正对花楼街，（原）英租界歆生路

结构：砖混

规模：街面 4 层、住宅 3 层，共 27 栋

设计单位 / 人：［英］弗兰克·贝因思（Frank Baines）

建筑年份：1923 年

保护等级：武汉市优秀历史建筑

20 世纪 30 年代的上海村（右侧）

《汉口租界志》载："1923 年华商李鼎安投资兴建，原名鼎安村，后抵押给上海银行，改名上海村。"李鼎安为汉口著名保险商人，武汉沦陷时出任伪武汉治安维持会财政局局长，后任伪汉口特别市商会主席。上海村临街有华美药房、中央药房、亨达利钟表店等；其一侧为上海商业储蓄银行大楼，另一侧是日本住友银行（后为湖北省银行）。1938 年，郭沫若在武汉最后落脚点在上海村，并曾在此接待过途经武汉的朱德。汪伪时期，市立医院曾设鼎安里鄱阳街口。

洞庭村

地址：（现）南京路、青岛路之间，巷道贯通洞庭街、鄱阳街

结构：砖木

规模：地上 2—3 层，24 栋，占地面积 9581.53 平方米

建筑年份：1931 年

保护等级：武汉市优秀历史建筑

洞庭村地域原为俄商阜昌砖茶厂仓库，1917 年俄国十月革命后茶厂倒闭，土地闲置。洞庭村西段于 1936 年由胡、宋、蒋三家投资合建，取名同福里。同年由张、季二姓合资在东段建房成巷，取名洞庭村。1967 年，东西两段合并，统称洞庭村。胡氏名胡仁斋，是仁济医院医士，曾在此开医寓。宋氏名宋世醒，号西庚，与胡仁斋是汉口大同医学校同学，汉口扬子铁厂、汉口红十字会医院医士。宋世醒的外孙女秦继尧现居洞庭村 4 号，在江汉区结核病防治所退休，早年就读于汉口圣罗以女子中学（今市二十中），与《青春之歌》主演谢芳为同班同学。同福里 8 号刘笃生亦为大户人家后人，二伯父刘鹄臣

秦继尧（后排右 1）与著名演员谢芳（后排右 3）为汉口圣罗以女子中学（今武汉市第二十中学）同班同学

秦继尧（后排右 2）在第四军医大学学习其间与家人合影，前排中为洞庭村创建者之一——外公宋世醒

为刘有余堂药店老板，四叔刘逸行为老同盟会会员，五叔刘季五为汉口第一纱厂和震寰纱厂老板之一。洞庭村 5 号墙上有块石碑，上刻“周御瀛、周金藻先生于一九四九年五月四日立契，将同福里九号房屋捐赠国立武汉大学”字样，此处曾挂“武汉大学汉口办事处”牌子。捐赠者周御瀛女士曾任汉口协和女中、懿训女中校长。在华裔旅美作家聂华苓记忆中，母亲曾在同福里把女儿们拥在桌下躲日本飞机。洞庭村红砖清水外墙，红瓦屋面，第一层木地板下有架空层。为高等石库门里巷建筑。

江汉村

地址：江汉路、上海路之间，巷道贯通鄱阳街和洞庭街

结构：砖木

规模：3 层，28 栋，建筑面积 11609.05 平方米

设计单位 / 人：卢镛标建筑师事务所、景明洋行

施工单位 / 人：汉昌记营造厂、李丽记营造厂、康生记营造厂、倪裕记营造厂和明巽建筑公司

建筑年份：1934 年—1936 年

保护等级：武汉市优秀历史建筑

江汉村里分深处

1934年，盐业银行投资兴建西段（鄱阳街段），称江汉村；1935年后，柴海楼在东段（洞庭街段）建楼成里，称六也村，巷道贯通。1967年，合并统称江汉村。二者也有记载刘根太、王毕双、郑硕夫、胡芹生、倪裕记、吴鑫记等参与兴建。郑硕夫系义品洋行副买办，柴海楼为汉口房地产富商，曾任汉口市房地产业公会理事长。江汉村曾设衍源、福源长钱庄，董事长胡芹生曾在汉润里开厚德钱庄，在鼎安里开衍源钱庄，在胜利街136号开宝兴生记钱庄。1951年9月，他有三家钱庄并入武汉联合商业银行。六也村瑞隆钱庄庄主周纯之为汉口钱业公会常务理事。江汉村为汉口最后的最新型里分建筑。

二、金融建筑

 汉口汇丰银行大楼

地址：（现）沿江大道 143 号，（原）英租界河街华昌街口

结构：钢混

规模：占地面积 3591 平方米，建筑总面积 10 244 平方米

设计时间：1913 年前

设计单位 / 人：汇丰银行上海总行派纳工程师

施工单位 / 人：汉协盛营造厂

建筑年份：1913 年—1917 年建 4 层副楼，1914 年—1920 年建 3 层主楼
保护等级：全国重点文物保护单位（汉口近代建筑群）

英商汇丰银行总行 1864 年设于香港，次年设分行于上海。1868 年设汉口分行。初建为 2 层楼房，1913 年拆除重建，1920 年竣工。因上海总行首传外汇价格于汉行，为汉口各银行汇兑行情“晴雨表”，亦为汉口最早发行纸币的外国银行。全面抗战初期曾为孙科、白崇禧办公室，太平洋战争爆发后被日军特务部占用。抗战胜利后复业，

1868 年在汉口长江边兴建的汇丰银行老楼

汇丰银行旧影

1926年北伐军攻打汉口前夕，美、英等国军队在汉口英租界河街（今沿江大道）显示武力。图中右 1、2 分别为汇丰银行大楼和花旗银行大楼

但业务清淡，以房屋出租补贴开支。1950 年 3 月 31 日停业（部分房屋由武汉市花纱布公司和房地局分租），1955 年 5 月撤离武汉。武汉市商委在大楼办公至 20 世纪 90 年代。该大楼外墙麻石砌筑到顶，正面十根大柱为麻石拼接，内廊镶嵌大理石墙裙。基座、房身、屋檐为三段式构图。左右侧五段划分，正中一段凸出为主入口，立面具明确垂直轴线，由此确定主从关系。立面柱廊为爱奥尼克柱式。外部装饰丰富，有较多西方古典主义建筑元素。

汉口麦加利银行大楼

地址：洞庭街 41 号
结构：砖木
规模：3 层，建筑面积 2275.06 平方米
施工单位 / 人：英商发德普建筑公司
建筑年份：1865 年
保护等级：湖北省文物保护单位

20 世纪 20 年代的麦加利银行（左），右侧为平和打包厂，远处高楼为景明洋行

英商麦加利银行亦称渣打银行，总行设伦敦，1858 年在上海设中国总行，以大班麦加利得名。1863 年来汉赁屋营业，为汉口首家外资银行。1865 年在英租界建楼正式开业。辛亥革命后为“汉口外国汇兑银行公会”永久主席。1914 年—1917 年以金融支持第一次世界大战协约国军需，年利润猛增至 30 万银元。1932 年在英国印制银元券在华发行，以换取中国银元运回本国。1938 年 10 月武汉沦陷后，业务清淡。1941 年 12 月太平洋战争爆发后被日军金融班劫收，抗战胜利后复业，1949 年 2 月停止营业。武汉解放后，该楼由武汉市公安局使用。2003 年由中国银行武汉分理处租赁使用。大楼为铁瓦屋面，屋顶四角分筑英式方斗形角塔，门窗均为拱形。上下三层，四面建贯通走廊，主立面以十个透空拱券作外立面，上两层为花瓶式栏杆，形成剔透空灵的建筑效果。有较多古典主义建筑元素。

汉口花旗银行大楼旧址

地址：（现）沿江大道 142 号，（原）英租界河街华昌街口

结构：钢混

规模：5 层，地下 1 层，楼高 29.5 米，建筑面积 6153 平方米

设计单位 / 人：景明洋行 /［美］亨利 · 墨菲

施工单位 / 人：魏清记营造厂

建筑年份：1919 年—1921 年

保护等级：全国重点文物保护单位（汉口近代建筑群）

花旗银行旧影

该银行前身为1812年6月在美国成立的纽约城市银行，1902年在上海筹设分行，名为花旗银行。1910年在今汉口鄱阳街景明大楼附近设汉口分行，聘英国人诺思为经理，刘子敬胞弟刘端溪任买办。第一次世界大战爆发后，借美国“中立”之利扩张业务，战后在汉口江滩建新大楼。1938年武汉沦陷后收歇，未了手续转上海分行办理，1940年底宣告结束。抗战胜利后未在汉口复业，美孚石油公司汉口分公司营业部曾设该楼。大楼呈三段式构图，第一段中间设4立柱门斗，内设3个半圆拱门入口。第二段三层中间设8根廊柱，第三段檐口上端设一层楼，顶部为平台。体现北美新古典主义建筑风格。

汉口横滨正金银行大楼

地址：（现）南京路 2 号，（原）英租界河街阜昌街口

结构：钢混

规模：4 层，建筑面积 5632 平方米

设计时间：1920 年

设计单位 / 人：景明洋行 / 海明斯

施工单位 / 人：汉协盛营造厂

建筑年份：1921 年（在原址拆旧建新）

保护等级：全国重点文物保护单位（汉口近代建筑群）

横滨正金银行大楼内部结构

1931 年大水中的横滨正金银行门口

1921 年前的横滨正金银行老楼

1880 年，日商中村道太等人在日本横滨成立股份制银行公司，1906 年设横滨正金银行汉口分行，在英租界河街阜昌街口（今沿江大道南京路口）兴建行舍。初为砖木房屋，后改建为屋顶设气屋的两层砖木结构楼房，1921 年在原址兴建四层钢筋混凝土结构大楼。1945 年抗战胜利后，该行被中国政府接收。1949 年武汉解放后，大楼曾由湖北省纺织品公司、湖北省国际信托公司使用。2012 年由中信银行收购自用。该楼外墙麻石到顶，主入口设转角处，两侧为空柱廊，使用巨型双柱改善两侧临街景观。建筑外观呈现较多古典复兴风格，内部装饰则多日本风格。

东方汇理银行汉口支行旧址

地址：（现）沿江大道 171 号，（原）法租界法兰西大街邦克街口

结构：砖木

规模：2 层，地下 1 层，建筑面积 913 平方米

建筑年份：1901 年始建，1902 年建成

保护等级：武汉市文物保护单位

法国东方汇理银行汉口分行

法国东方汇理银行总行设巴黎，由法国社会实业银行、巴黎商业银行、巴黎荷兰银行等组建，为经营亚洲业务于 1875 年创立。1902 年在汉口设支行，同年在汉口法租界外滩兴建行舍。首任大班比格老提，华人买办王蓉卿、刘歆生。除支持法国洋行在汉进出口业务外，刘歆生收购汉口后城外荒地时，亦得到该行支持。1913 年，该行与中国政府合资开办中法实业银行。1949 年 8 月，东方汇理银行汉口分行停业。后由武汉越剧团等长期使用。2010 年 7 月，湖北省农业银行租赁该楼，耗资 1500 万进行整修。该楼三段式划分构图，条石砌筑厚重底座；中部红砖清水墙，设腰线，半圆砖拱券门窗与半圆形砖雕壁柱配合，立面由砖雕墙柱竖向划分；上部为水平向檐口。

汉口华俄道胜银行旧址

地址：（现）沿江大道 162 号，（原）俄租界尼古拉大街阿列街口

结构：砖混

规模：4 层，建筑面积 1220 平方米

设计时间：1896 年

设计单位 / 人：［德］马尔克斯
建筑年份：1898 年
保护等级：全国重点文物保护单位

孙中山遗孀宋庆龄于其汉口的家门口在卫兵护卫下登车出行

华俄道胜银行 1896 年由中俄政府合资成立，总行设圣彼得堡。1898 年在汉口设分行，并建行舍。1926 年停业。广州国民政府迁都武汉后，1927 年元月设中央银行于此。1926 年 12 月 10 日，宋庆龄莅汉入住该楼。宋鼎力促成了国民党二届三中全会在汉举行，坚持孙中山“联俄、联共、扶助农工”三大政策。“四一二”反革命政变发生后，宋发表讨蒋通电。汪精卫集团发动“七一五”反革命政变，宋愤然于 17 日离汉赴莫斯

华俄道胜银行旧影

科。同年 9 月，汉口中央银行被唐生智下令停止营业。1929 年 4 月，改为新的中央银行汉口分行行址。新中国成立后，为武汉军区胜利文工团驻地。1998 年移交南方集团公司，后被武汉蓝光电力公司租用。2010 年由武汉城投集团修缮复原，辟为宋庆龄纪念馆。该建筑四层方形塔楼，每层窗户逐步向上缩小。临长江一侧以三段构图划分内廊，回廊有雕花铁栏、铁制吊灯。呈现新古典主义和俄罗斯建筑风格。

汉口商业银行大楼

地址：（现）南京路 64 号，（原）特三区阜昌街湖南街口

结构：钢混

规模：5 层，地下 1 层，建筑面积 4161.97 平方米

设计时间：1930 年

设计单位 / 人：陈念慈

施工单位 / 人：汉兴昌营造厂

建筑年份：1931 年—1932 年

保护等级：湖北省文物保护单位

汉口商业银行大门

汉口商业银行旧影

1923年，汉口德商美最时洋行买办王柏年与他人集资，组建汉口商业储蓄银行，但旋即停业。1926年8月25日，汉口华商章伯雷、吴振宗、汪翔唐等集资开办汉口商业银行，1927年停业。1934年，由汉口特业（鸦片烟土业）公会会长赵典之发起，再度开设汉口商业银行，行址由今中山大道113号迁现址。1938年10月下旬武汉沦陷，11月日军在此成立伪治安维持会，1939年4月20日转为伪武汉特别市政府。抗战胜利后，赵典之由重庆返汉，在原址复业。1949年初，金圆券剧贬，4月22日停业。1957年—2000年，该建筑为武汉市图书馆。2004年，成为武汉市少年儿童图书馆。大楼自下而上三段构图：第一段中部3间6廊柱，两边单柱，中间两双柱，柱高至三四层楼顶，设钢外窗，15步台阶上二层门廊内3扇入口门；第二段为一层，与第一段相似；第三段檐口中部建歇山顶飞檐筒瓦亭阁（抗战期间被炸毁）。该建筑古典主义与现代主义风格相融合，并有中国元素参与。

汉口交通银行旧址

地址：（现）胜利街 2 号，（原）英租界湖南街扬子街口

结构：钢混

规模：4 层，占地面积 1500 平方米，建筑面积约 3500 平方米

设计时间：1919 年前

设计单位 / 人：景明洋行 /［英］海明斯

施工单位 / 人：汉合顺营造厂

建筑年份：1911 年—1921 年

保护等级：湖北省文物保护单位

英租界湖南街的汉口交通银行大楼

交通银行是清政府邮传部为经营铁路、电报、邮政、航运而成立的专业银行，1907 年 11 月设总行于上海。1908 年 4 月 28 日设汉口分行于小关帝庙前，辛亥革命后迁京（平）汉铁路南局，后迁法租界霞飞将军路，1921 年在英租界湖南街兴建大楼。1927 年因资金损失巨大停业，1929 年复业。1934 年 12 月 17 日成立武昌支行。1937 年南京沦陷，总行迁汉口。1938 年武汉沦陷前汉口分行部分迁重庆，部分在法租界设办事处。1941 年太平洋战争爆发后，办事处被日本宪兵封闭。武汉沦陷期间，分行大楼一度被日本汉口领事馆占用。1945 年 11 月 16 日恢复营业，1949 年 5 月被武汉市军管会接管，经清理改组后于 6 月 16 日复业。武汉市财政局曾在楼内办公。大楼为古典三段式设计，分为基座、柱廊、檐以及玻璃顶楼。外墙花岗石到顶，4 根高 14 米、直径 1.3 米的花岗石古希腊式爱奥尼立柱直达三层楼顶。呈现晚期古典主义建筑风格。

汉口盐业银行大楼

地址：（现）中山大道988号，（原）英租界湖北街北京街口
结构：钢混
规模：5层，建筑面积6699.43平方米
设计单位/人：景明洋行
施工单位/人：汉合顺营造厂、汉协盛营造厂
建筑年份：1926年—1927年
保护等级：湖北省文物保护单位

盐业银行大楼全景

盐业银行旧影

1915 年 3 月，袁世凯长兄袁世昌内弟张镇芳创办盐业银行，总管理处设北京。1916 年 11 月在汉口设分行。民国时期，盐业银行与金城银行、中南银行、大陆银行合称“北四行”。1938 年 11 月 3 日，大楼被日军华中派遣军司令部指挥所占据。1945 年抗战胜利后在原址复业。1952 年 12 月 5 日，盐业银行汉口分行与汉口其他民营银行一起参加公私合营改造。该楼外墙麻石到顶，两侧及中部后缩，由中间踏步引至二层。二、三层建六根廊柱，双柱间内廊设入口门，四层上檐较宽。呈现古典主义与现代主义相结合的建筑风格。

中国实业银行大楼旧址

地址：（现）江汉路 22 号，（原）特三区江汉路洞庭街口

结构：钢混

规模：8 层，建筑面积 4207 平方米

设计时间：1934 年

设计单位 / 人：卢镛标建筑师事务所

施工单位 / 人：李丽记营造厂

建筑年份：1936 年前

保护等级：湖北省文物保护单位

武汉沦陷时期的中国实业银行大楼

20世纪90年代，中国实业银行大楼为湖北省中药贸易中心

中华民国成立后，北洋政府财政部在创办实业、振兴中华情势推动下，由熊希龄、张謇于1915年筹办民国实业银行。后因袁世凯筹备帝制，更名为中国实业银行。1919年8月在天津开业，1922年3月在汉口设分行，1934年在现址建楼，一、二层自用，三层以上对外出租。1938年武汉沦陷后被日军占用，抗战胜利后复业。中华人民共和国成立后，该行参与公私合营改造。该大楼曾为湖北省中药贸易中心，现为中信银行大楼。大楼墙裙黑色大理石贴砌，外墙红色涂料粉饰，中部入口的空中藻井尤为美观。该楼为当时武汉最高建筑，创汉口建筑之新风，是武汉现代主义建筑的里程碑。

上海银行汉口分行旧址

地址：（现）江汉路 60 号，（原）英租界歆生路

结构：钢混

规模：4 层，总建筑面积 3120.01 平方米

设计单位 / 人：三义洋行

施工单位 / 人：上海三合兴营造厂

建筑年份：1920 年

保护等级：湖北省文物保护单位

民国时期上海商业储蓄银行大楼

1915 年，上海商业储蓄银行在上海宁波路 9 号开业，1919 年 3 月在汉口设分理处，次年改组为分行。该行曾与浙江兴业银行、浙江实业银行一起称为中国金融史上著名的“南三行”。抗战时期，蒋介石曾请总行总经理陈光甫代表国民政府赴美借款。1938 年武汉沦陷后该行迁往重庆，大楼被日军军用电台部门占用。新中国成立后，陈光甫定居香港，1950 年把上海银行香港分行更名为上海商业银行，1954 年在台北设上海商业储蓄银行。1952 年 7 月，上海商业储蓄银行参加金融业全行业公私合营改造。大楼为三段式构图，外墙麻石到顶，底部墙体厚实，大理石踏步，开三个半圆拱门作入口；中部柱廊虚实相映，二层阳台门由双枝小柱支撑三角形山花造型；上部檐口厚重。呈现浓郁的古典主义建筑风格。

四明银行汉口分行旧址

地址：（现）江汉路 45 号，（原）特三区江汉路

结构：钢混

规模：5 层（中间 7 层），占地面积 1182 平方米，建筑面积 4616.38 平方米

设计时间：1933 年

四明银行大楼地块原属基督教伦敦会，1861 年伦敦会教士杨格非到汉口传教，相继在武汉建立花楼总堂、仁济医院、玛格利特纪念医院（女）、博学书院等

设计单位 / 人：卢镛标建筑师事务所

施工单位 / 人：汉协盛营造厂

建筑年份：1934 年—1936 年

保护等级：武汉市文物保护单位

20 世纪 60 年代从江汉路看四明银行大楼

四明银行成立于 1908 年，由宁波商人周晋镳、陈薰、虞洽卿等在上海公共租界宁波路江西路口创办开业，1919 年设汉口分行。1935 年，沪、京、津现白银挤兑风潮，致“小三行”（中国实业银行、四明银行、中国通商银行）一周内陷入困境。此后改为官商合办，成为“小四行”（四明银行、中国通商银行、中国实业银行、中国国货银行）之一。1936 年在江汉路购买基督教伦敦会地块兴建 7 层大楼。1952 年 10 月，中国实业银行、四明银行等 11 家商业银行合并，成立公私合营银行武汉联合营业部，1958 年 4 月与中国人民银行合并。大楼主立面呈梯形，中央入口为营业大厅。临街立面底层麻石砌筑，以上为水刷石粉面，竖直线条通顶，外形简洁明快，构图完美，开汉口现代主义建筑之新风。四明银行大楼是武汉本土成长起来的华人设计师卢镛标设计的，他也是中国人在武汉开设建筑师事务所的第一人。

金城银行旧址

地址：保华街 2 号

结构：钢混、砖混

规模：4 层，占地面积 670 平方米，建筑面积 2190.62 平方米

设计时间：1929 年

设计单位 / 人：庄俊
施工单位 / 人：汉协盛营造厂
建筑年份：1930 年—1931 年
保护等级：武汉市优秀历史建筑

汉口金城银行旧影

周作民于1917年5月15日在天津设金城银行总行，其名取“金城汤池”之意（1936年1月总行改设上海）。1919年4月设汉口分行。1921年，金城银行与盐业银行、中南银行、大陆银行组成联营机构，称“北四行”。1938年10月武汉沦陷后，大楼被日军华中派遣军“特务部”（殖民行政机构）占据。抗战胜利后至1948年，金城银行因通货膨胀和发行金圆券经营困难。中华人民共和国成立后，周作民从香港回北京任全国政协委员，1952年12月任60家合营、私营银行公私合营联合董事会副董事长，在私营金融业社会主义改造中发挥积极作用。金城银行汉口分行大楼现为武汉美术馆。大楼台座较高，上21级方登首层地面。正面七间八柱，柱廊高三层，二层开半圆形拱窗，上部有厚重檐口和山花。原银行职员住宅金城里与银行紧密衔接，三面临街成合围之势。2008年，金城银行、金城里更新改造，2010年改建为武汉美术馆。

中孚银行

地址：（现）南京路 45 号，（原）英租界阜昌街
结构：砖混
规模：4 层（原 3 层，后加盖 1 层）
施工单位 / 人：汉协盛营造厂
建筑年份：1917 年
保护等级：武汉市优秀历史建筑

1916 年，孙荫亭发起集资创建中孚银行，自任总经理，11 月 7 日在天津开业。1917 年年中在汉口设通汇处，同年 10 月 16 日改为汉口分行，并在阜昌街建大楼。经理为秦禊卿，副经理兼营业主任为张竹屿。该行 1924 年盈余 5.4 万元，1926 年上半年

1925 年，英租界士兵在阜昌街中孚银行大楼前（左后侧楼房）设路障

中孚银行大楼新照

获利 5 万元，自建 5 栋两层石库门职工住宅房屋，取名“中孚里”。该行 1952 年 12 月实行公私合营。大楼现由湖北省电信实业公司管理使用。建筑立面三段式构图，麻石勒脚，外墙面洗麻石。矩形平面，两端稍有前凸，壁柱贯通二、三层，双窗与单窗组合造型。呈现较多现代主义建筑风格。

中南银行

地址：（现）江汉路 64 号，（原）英租界歆生路湖南街口

结构：钢混

规模：3 层，建筑面积 1500 平方米

建筑年份：1923 年后

保护等级：武汉市优秀历史建筑

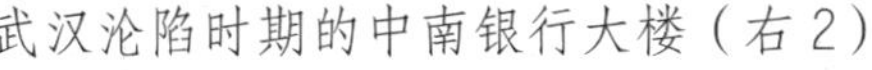

武汉沦陷时期的中南银行大楼（右2）

1988年江汉路64号中南银行旧址，时为汽车、摩托车配件营业部

中南银行由南洋华侨商人黄奕住于1921年7月5日在上海创立，合伙人有胡笔江、徐静仁和《申报》社长史量才。“中南”为“联系中国与南洋”之意。中南银行同盐业银行、大陆银行、金城银行合称“北四行”。汉口分行设于1923年6月。1939年3月6日，汪伪汉口《大楚报》在汉口分行大楼创刊。1951年9月，中南银行上海总行及各地分行实行公私合营，翌年同60家银行、钱庄合并成立公私合营银行。大楼立面横向三段式构图，入口凸出于墙面，上部采用塔司干柱式支撑顶部山花，檐口装饰线条及阳台细部精致处理。呈现较多文艺复兴式建筑风格。

永利银行

地址：江汉路 20 号

结构：钢混

规模：8 层，建筑面积 5738.81 平方米

施工单位 / 人：六合公司

建筑年份：1946 年始建，1949 年建成

保护等级：武汉市优秀历史建筑

长江日报社大门在大楼西面

武汉市纺织工业局使用大楼的正门

永利银行前身为永利钱庄，由裕大华纺织公司董事长苏汰馀与渝、汉商界人士组建，1943 年 1 月 22 日在重庆开业，抗战胜利后随裕大华公司迁回汉口。1949 年在江汉路建成行楼，取名兴华大厦。1948 年国民政府发行金圆券，物价暴涨，该行以存款囤积货物另设暗账应对，被职员告发，财政部饬令于当年 12 月 22 日停业。1949 年迁往重庆。1949 年 5 月 16 日武汉解放，5 月 23 日长江日报社迁入办公。1966 年，该楼改名红旗大楼。70 年代，武汉市纺织工业局亦迁入办公。1993 年，长江日报社迁出。1997 年，中国民生银行汉口分行租用大楼，2019 年前退出。大楼属现代主义建筑风格，建筑立面简洁，强调中心对称布置，入口处立面凸出。2020 年 9 月经“修旧如旧”恢复原貌。

广东银行汉口分行

地址：（现）扬子街 7 号，（原）英租界扬子街

结构：钢混

规模：4 层，地下 1 层，建筑面积 5104 平方米

设计单位 / 人：景明洋行

施工单位 / 人：李丽记营造厂

建筑年份：1923 年

保护等级：武汉市优秀历史建筑

广东银行大楼入口处凹进，上方覆盖敞开式半穹窿顶，颇具特色

广东银行系 1912 年由旅美华侨陆蓬山等人以股份制形式在香港注册成立，1923 年 5 月设汉口分行。1935 年 9 月，受世界经济危机影响，总行、分行同时停业清理。1936 年夏，国民政府官僚资本加入股份改组，宋子文任董事长，香港总行与上海、广州、汉口等分行恢复营业。1941 年太平洋战争爆发后，香港沦陷，总行一度停业，上海分

广东银行大楼内部造型精美的楼梯

广东银行汉口分行发行的纸币

行曾被改为总行。抗战胜利后，总行于 1945 年 9 月在港复业。大楼为纵横三段构图，左右对称。底层科林斯双柱廊，入口凹进，内凹半球曲面墙壁，上方覆盖敞开式半穹窿顶。中部为实墙体，上部设厚重檐口，两侧部分突出，窗口用窗套连接。勒脚部分条石砌筑，上部假麻石粉刷。呈现文艺复兴式建筑风格。

浙江实业银行汉口分行

地址：（现）中山大道 910 号，（原）英租界湖北街扬子街口

结构：钢混

规模：地上 6 层，地下 1 层．建筑面积 4578 平方米

设计单位 / 人：景明洋行

施工单位 / 人：汉协盛营造厂、李丽记营造厂

建筑年份：1926 年

保护等级：武汉市优秀历史建筑

1908 年，清政府在浙江设官钱局，1909 年改组为浙江银行，总行设杭州。1912 年改组称中华民国浙江银行，1915 年 6 月更名为浙江地方实业银行。1923 年，官、商协议，将浙江境内杭州、海门、兰溪三行划为官股，定名浙江地方银行；上海、汉口两行划

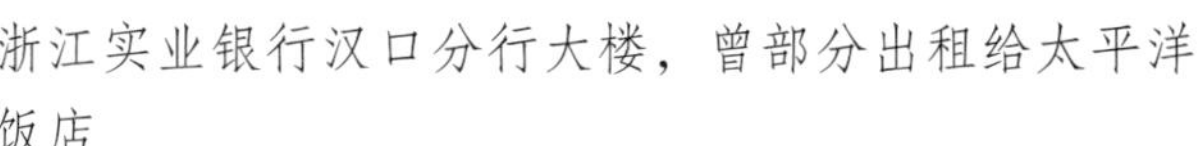
浙江实业银行汉口分行大楼，曾部分出租给太平洋饭店

大楼在武汉沦陷时期被日伪中江实业银行强占

归商股，定名浙江实业银行。1923 年 4 月正式挂牌，总管理处设上海，李馥荪任总经理。1926 年在现址兴建大楼。1938 年武汉沦陷，大楼被日伪中江实业银行强占，总裁为汉奸石星川。20 世纪 40 年代初，汪伪政府成立伪中央储备银行，其汉口支行经理为洪学周。石星川将日伪中江实业银行迁至今汉口沿江大道青岛路，让出大楼。1945 年抗战胜利后，浙江实业银行在原址复业，改名浙江第一实业银行。新中国成立后，大楼曾由武汉市第一轻工业局等使用。大楼纵横三段划分，花岗岩垒砌基座，上部斩假石粉面，中部按门斗形式设突出方框，立六根陶立克柱，柱上有出边小檐，檐上缀山花。1930 年因火灾，红瓦坡屋顶被毁，经景明洋行重新设计、李丽记营造厂施工，增建一层，将原建筑檐口线处理成腰线，两侧添加椭圆形穹窿，新增部分与原建筑浑然一体，呈现文艺复兴建筑风格。

大孚银行

地址：（现）中山大道938号，（原）特三区湖北街阜昌街口

结构：钢混

规模：4层（中部5层），建筑面积1697.65平方米

设计时间：1935年

设计单位/人：景明洋行

施工单位/人：钟恒记营造厂

建筑年份：1935年—1936年

保护等级：武汉市优秀历史建筑

1935 年大孚商业储蓄银行基建现场

大孚银行大楼由武汉裕华、一纱等厂主程沸澜及其子程业憬与程子菊等人投资修建，大孚银行租用。大孚银行原名大孚商业储蓄银行，1934 年由实业家黄文植、胡赓堂、周伯皋、傅南轩等集资筹办，1935 年 1 月 8 日开业，1938 年 10 月迁重庆。武汉沦陷后被日军汉口宪兵队占用，为防空袭将外墙涂上绿、黄、白波状斜纹伪装。1945 年抗战胜利后业主收回大楼。1947 年 3 月 1 日，大孚银行回迁汉口胜利街复业，后迁原址，1950 年 8 月 7 日停业。大楼底层曾作武汉图书馆外借处、物外书店等，上层为武汉市轮渡公司办公处。大楼外观造型简洁，每层之间用两块长方形几何图形代替复杂装饰，钢窗材质，顶部以简练几何图形代替古典塔楼，水泥地面铺有地板。属现代主义建筑风格，时有“摩登大楼”之称。

中央信托局汉口分局

地址：（现）中山大道908号，（原）特三区湖北街

结构：钢混

规模：地上6层（中部7层），地下1层，建筑面积4800.15平方米

设计单位/人：卢镛标建筑师事务所

施工单位/人：上海洪泰兴营造厂

建筑年份：1936年

保护等级：武汉市优秀历史建筑

武汉沦陷时期的中央信托局汉口分局大楼（右边第二栋）

中央信托局于 1935 年 10 月 1 日成立，汉口分局于同年 10 月 22 日开张，武汉沦陷时迁往重庆。1946 年 2 月 4 日恢复营业，负责接收在汉逆产、购料运输等，主要业务为采购军火、垄断进出口物资收购，是国民政府的军火采购部。1949 年 5 月，汉口分局由武汉市军管会接管。大楼外墙底层麻石砌筑，上层黄色泰山砖贴面，立面强调竖向线条，中部高，两侧分层退进。二层以宽尺寸束带划分，具现代主义建筑风格，与四明银行汉口分行大楼、中国实业银行汉口分行大楼、大孚银行大楼同为汉口摩登式建筑杰作。

农商银行

地址：（现）南京路72—80号，（原）英租界阜昌街崇正里口

结构：砖混

规模：3层，建筑面积2231.11平方米（不含加层）

建筑年份：1920年前后

保护等级：武汉市优秀历史建筑

民国时期的农商银行汉口分行

农商银行于1921年由北洋政府农商部创办于北京，负责人齐耀珊。1922年9月在英租界太平街怡廉里口设汉口分行，1927年停业。1929年3月，农商总行停业清偿，1934年8月15日复业，改设总管理处于上海，同年8月汉口分行在阜昌街（今南京路）现址复业。1937年全面抗战爆发，农商银行撤往京、沪两地继续营业，曾代日伪政府发行伪钞。抗战胜利后，该行重新清理复业，梅哲之任董事长兼总经理。1947年4月再度停业、改组、复业，由吴铁城任董事长。1948年9月被国民政府上海金融管理局勒令停业。大楼立面整体竖线条构图，呈起伏状。清水砖雕外墙，左右对称式布局，整体呈凸字形。呈现新古典主义建筑风格。

大陆银行旧址

《银行周报》1932 年第 16 卷第 2 期登载的汉口大陆银行楼房

地址：（现）胜利街 219 号，（原）法租界德托美领事街 7 号

结构：钢混

规模：3 层

建筑年份：约 1930 年

保护等级：暂未确定

大陆银行于 1919 年 4 月 1 日由谈荔孙、许汉卿等注资组建开业，总行设天津，总管理处设北京，以“发展于东亚大陆”之意得名。与金城银行、盐业银行、中南银行合称“北四行”，1922 年 7 月成立四行联合营业事务所。同年设办事处于汉口保成路，1923 年设分行于太平街。1924 年在保成路建成分行大楼，1927 年被北伐军没收，后为武汉卫戍司令部军法处办公楼（武汉市文物保护单位）。1930 年，大陆银行汉口分行

大陆银行汉口分行1930年建于今胜利街的办公大楼旧址

设法租界德托美领事街7号（今胜利街219号），在特三区扬子街口和日租界中街设办事处。1931年在今中山大道南京路口至扬子街口兴建办事处大楼和职员住宅大陆坊。该建筑地上三层，歇山式屋顶。主立面宽五开间，中部三开间稍退后，正中设入口，有四根二层通高爱奥尼克立柱。方形门窗，立面装饰线条也为方框。呈现简化的新古典主义风格。

中国国货银行汉口分行

地址：（现）中山大道 635 号，（原）特三区湖北街

结构：钢混

规模：3 层，建筑面积 901.47 平方米

施工单位 / 人：李丽记营造厂

建筑年份：1934 年前后

保护等级：武汉市优秀历史建筑

1934 年的中国国货银行汉口分行大楼

中国国货银行是国民政府 1929 年 11 月创立的官商合办银行，官股占 2/5，商股占 3/5。其宗旨在于提倡国货，振兴民族工业。总行设上海，资本总额 2000 万元，董事长孔祥熙，总经理宋子良。在南京、汉口、广州、重庆、香港等地设分行。中国国货银行业务发展迅速，与中国通商银行、四明银行、中国实业银行并称“小四行”。汉口分行于 1934 年 9 月设立。1950 年，中国国货银行整体清理业务，结束运营。60 年代，为湖北省人民银行抵押处。该楼三段式构图，中部稍突出，底层设圆拱入口。二楼和三楼用一对通高科林斯柱装饰，直角窗户。呈现较多新古典主义建筑风格。

四川美丰银行

地址：（现）胜利街 5 号，（原）特三区湖南街扬子街口

结构：钢混

规模：3 层

施工单位 / 人：钟恒记营造厂

建筑年份：1934 年

保护等级：武汉市优秀历史建筑

1922 年 4 月，四川美丰银行（中美合资）正式开业，上海美丰银行总经理、美国人雷文为美股代表，重庆大盐商邓芝如、康心如、陈达璋为华股代表。雷文为总经理，赫尔德为经理，邓芝如、康心如分任第一、二协理，陈达璋任营业主任。1926 年 9 月，英国军舰炮击万县（今重庆市万州区）造成“九五惨案”，激发全川甚至全国人民的反帝浪潮。1927 年 2 月，在川各国侨民撤离，康心如找刘湘帮忙，集资买下美方股权，从而成为实权人物，中美合资历史终结。1933 年 3 月，汉口分行开业。1950 年 4 月，四川美丰银行整体宣告停业。该建筑为砖混结构，正面三段式划分，中部突出，形成立体造型。立面线条简洁明快，不设多余的装饰，底层设主入口。属简约现代主义风格建筑。

黄陂商业银行

地址：（现）江汉路 35 号，（原）英租界太平街

结构：钢混

规模：3 层

施工单位 / 人：汉协盛营造厂

建筑年份：1919 年前

保护等级：暂未确定

江汉路黄陂商业银行旧址的墙角地界碑

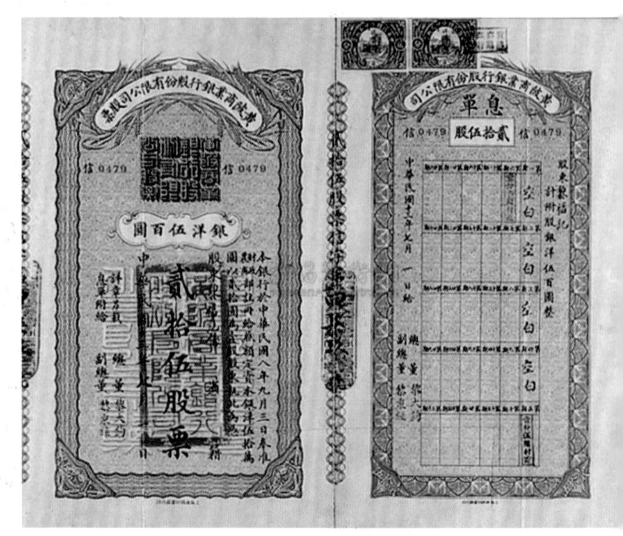

黄陂商业银行1919年发行的股票

黄陂商业银行于1912年8月在汉口开业，以中华民国临时政府副总统黎元洪名义组设，资金“钱22万余串”为黄陂县（今武汉市黄陂区）绅商筹集。初名黄陂实业银行，1919年呈准财政部、农商部注册，改为黄陂商业银行，经理为黄陂人喻子和。该行与湖北官钱局关系密切，官钱局一些黄陂籍高级职员皆为该行股东。他们将官钱局款项收解和对外业务交由该行代理，再通过内部按股分肥。官钱局还常以房地产向该行抵押，给以厚息。依靠此特殊关系，该行1923年营业总额达350多万元。1926年，湖北官钱局倒闭，该行营业亏累，于1929年停业清理。1930年，曾任汉口钱业公会副会长的蒋镕卿集资重组，挂起黄陂银行招牌，恢复营业，在1931年洪水期间关闭。该建筑地上三层，三开间，钢筋混凝土结构。外墙二楼及顶楼设突出腰线，窗檐设刻石花饰，正门楼顶设装饰性气窗。为汉口华商早期银行建筑。

日本住友银行暨湖北省银行

地址：（现）江汉路，（原）英租界歆生路鄱阳街口

结构：钢混

规模：3 层

保护等级：暂未确定

原为日本住友银行行址，该行 1927 年撤走。1926 年秋北伐军攻克武汉，11 月 4 日，湖北政务委员会主任邓演达、湖北财政委员会主任陈公博召集汉口总商会会长周星堂与银钱两业负责人开会，议定以原湖北官钱局全部产业作抵押品，向其借款 500 万元，

1931 年汉口大水，湖北省银行大楼被淹

湖北省银行发行的一元纸币

开办湖北省立银行，由陈公博兼任行长，于 15 日正式成立。不久，被后来成立的汉口中央银行接收。1928 年春，张难先任湖北省财政厅厅长，建议筹建湖北省银行。7 月 1 日成立筹委会，由省政府出资 200 万元，11 月 1 日，湖北省银行总行开业，张难先为首任监理委员会主席。1938 年 8 月，日军迫近武汉，该行西迁恩施。1943 年，应湖北省政府主席陈诚之邀，周苍柏出任湖北省银行总经理。1945 年 10 月 15 日，该行回迁汉口复业。武汉解放时，湖北省银行总行被市军管会接管。该建筑地上三层，为砖混结构，主立面横长，建筑风格简约。正门为拱门，两侧及上层设方形铁窗。为汉口早期银行建筑。

三、洋行、公司建筑

八路军武汉办事处旧址

地址：（现）长春街 57 号，（原）日租界中街 89 号

结构：砖混

规模：4 层

建筑年份：1924 年

保护等级：全国重点文物保护单位

叶剑英（左一）、李克农（右二）在八路军武汉办事处前接受美国旧金山华侨洗衣工会捐赠的救护车

1937 年 10 月，董必武在汉口府西一路（现民意一路汉口安仁里 1 号）开设八路军武汉办事处，同年 12 月迁往现址。1937 年 12 月至 1938 年 10 月，周恩来、董必武、秦邦宪、叶剑英、邓颖超、王明等中共领导人在这里工作。“八办”为八路军、新四军筹备军需物资，输送爱国青年奔赴延安和抗日前线开展大量工作。曾协助诺尔曼·白求恩、路易·艾黎、埃德加·斯诺等国际友人去往抗日根据地，协助荷兰摄影师尤里斯·伊文斯拍摄新闻纪录片《四万万人民》，将在汉美国主教吴德施等的捐款转交八路军副总司令彭德怀。“八办”原址为日商大石洋行，该洋行总店在日本大阪，1924 年来汉设行，经营洋货杂品，全面抗战初期作为敌产被中国政府没收。1944 年美国飞机轰炸日租界时上两层被炸毁，1978 年在原址按原貌重建，设八路军武汉办事处旧址纪念馆，1979 年 3 月开放。该建筑呈四方形，坐西朝东，一楼为商行，二、三、四楼为高级公寓。呈现现代主义风格。

长江局负责人与新四军负责人在“八办”合影。左起：张云逸、叶剑英、王明、秦邦宪、周恩来、曾山、项英

清末大智门外的大石洋行大楼

武汉国民政府旧址

地址：（现）中山大道 708 号，（原）后城马路

结构：砖混

规模：5 层，占地面积 885 平方米，建筑面积 4740 平方米

设计时间：1913 年前

设计单位 / 人：景明洋行

施工单位 / 人：汉合顺营造厂、李丽记营造厂

建筑年份：1920 年

保护等级：全国重点文物保护单位

初建时期的南洋大楼（右）

民国时期的南洋大楼

1927 年 3 月 10 日，国民党二届三中全会在武汉国民政府（南洋大楼）举行，会后在楼顶平台合影。前排右 3 为陈友仁，右 5 为宋庆龄，右 6 为孙科；中排右 3 为毛泽东，左 2 为董必武

该建筑原为南洋大楼，系爱国华侨简氏兄弟创建的中国南洋兄弟烟草股份有限公司汉口分公司办公楼。1926 年北伐军攻克武汉后，大多数国民党中央执行委员和国民政府委员抵达汉口，组成“临时联席会议”在此办公。1927 年 3 月，在此召开有宋庆龄、何香凝、邓演达和共产党人毛泽东、董必武、林伯渠等人参加的国民党二届三中全会。该建筑呈不规则多边形平面，墙基用麻石砌就，平台中央设尖顶，两边为圆柱顶。

汉口景明大楼旧址

地址：（现）鄱阳街53号，（原）英租界鄱阳街华昌街口

结构：钢混

规模：6层，建筑面积3668.85平方米

设计时间：1920年

设计单位/人：景明洋行

施工单位/人：汉协盛营造厂

建筑年份：1921年

保护等级：全国重点文物保护单位

景明洋行门廊内景

英国景明洋行大厅

英国景明洋行(Hemmings & Berkey)创立于1914年,是武汉最重要的建筑设计机构,其设计的重要建筑占武汉近代建筑半数以上。景明大楼于1921年建成。1938年10月武汉沦陷后,大楼被日军占领,海明斯回国,洋行歇业。抗战胜利后,海明斯终老未归,大楼后成外侨公寓,美空军临时招待所曾设于此。1948年8月7日,楼内发生美军和外侨集体强奸中国妇女的恶性案件,国民党当局仅对几名中国人判刑而草草结案,武汉人民斥之为“辱国辱民”。20世纪50—90年代,大楼曾作武汉市民主党派办公楼。该大楼窗台以下为花岗石基座。二层以上由柱、梁、大玻璃窗作立面,三层正面设长阳台,两侧出挑多边形阳台,六层为方形短阳台。檐口挑出,平屋面,大门设悬吊雨篷。更多呈现现代主义建筑风格。

保安洋行旧址

地址：（现）青岛路 8 号，（原）英租界华昌街洞庭街口

结构：钢混

规模：5 层，建筑面积 6604.63 平方米

设计单位 / 人：景明洋行

施工单位 / 人：汉协盛营造厂

建筑年份：1914 年—1915 年

保护等级：武汉市文物保护单位

保安洋行大楼旧影

1868年，英商保安保险公司在上海设分行，1910年在汉开设保安洋行，经营各项保险业务。1914年在汉口华昌街（今青岛路8号）购地兴建洋行大楼，1922年停办业务。抗战时期武汉沦陷，大楼被华商王禹卿（时任武汉福新一面粉厂所属荣氏集团茂福新总公司总经理）购买。抗战胜利后，王因汉奸案致房屋充公，大楼被国民政府“清理敌伪财产处”接收，标价卖予国民党军官何键。1949年何键逃离大陆，该楼以“反革命分子房产”被人民政府收管，拨武汉市税务局作办公地，后由武汉市公安局、武汉市房地局共同使用。该建筑改古典柱式为三段构图特征，墙壁设计敦实，立面追求古朴厚重的复杂变化，属古典主义风格建筑。

亚细亚火油公司汉口分公司旧址

地址：（现）天津路 1 号，（原）英租界河街宝顺街口

结构：钢混

规模：5 层，建筑面积 6758 平方米

设计时间：1923 年

设计单位 / 人：景明洋行

施工单位 / 人：魏清记营造厂

建筑年份：1924 年

保护等级：湖北省文物保护单位

亚细亚火油公司为英国壳牌运输贸易公司与荷兰皇家石油公司合设的子公司，总部设伦敦。1890 年在上海设中国总公司，约 1910 年在汉口设分公司。1912 年设址英

亚细亚火油公司汉口分公司旧影

租界三码头，又迁宁绍码头、胜利街京汉铁路南局二楼，后在现址自建亚细亚大楼，主售煤油、汽油、柴油等燃油物资，与美孚、德士古火油公司一起垄断中国石油市场。武汉沦陷后，日军部指派见善、吉田等 4 家日本洋行强行代销其商品。太平洋战争爆发后被日军接管，用于关押俘虏。该大楼曾作美国驻汉领事馆、驻华大使馆、汉口美国新闻处。50 年代起为中国人民解放军空军某部驻地，后为部队招待所。大楼原设计八层，实建五层，立面按三段式划分，采用西式隅石与中式纹样装饰。外墙仿麻石墙面，墙角有隅石护角，檐口装饰及阳台细部留传统纹饰。为汉口早期现代主义建筑代表作。

安利英洋行汉口分行

地址：（现）四唯路 11 号

结构：钢混

规模：5 层，建筑面积 5850 平方米

设计单位 / 人：景明洋行

施工单位 / 人：李丽记营造厂、钟恒记营造厂

建筑年份：1929 年—1935 年

保护等级：武汉市优秀历史建筑

安利英洋行西立面

原名为瑞记洋行，“一战”爆发后，洋行停业。1914 年，合伙人中的英国人 H.E. 安诺德另建安利英洋行，1915 年设汉口分行。中国对德宣战后，安利英洋行遂将瑞记洋行部分厂房、仓库据为己有。“一战”结束后，H.E. 安诺德和 C.H. 安诺德于 1919 年复业瑞记洋行，改名安诺德兄弟公司，中文名英商安利英洋行，总行设上海，在汉口、天津设有分行。1935 年，安诺德兄弟离开安利英洋行，另组英商瑞记贸易股份有限公司，安利英洋行汉口分行由新沙逊集团控制，1935 年在四唯路建安利英大厦。1941 年底，被日本海军武官府接管，1942 年 2 月转予三井洋行。1947 年 2 月，该行初设于买办王霭臣位于胜利街的住宅，1953 年 7 月由王霭臣二弟王巨章申请停业。武汉解放后，安利英洋行大楼由中南局使用，后改名胜利饭店。该楼木料、五金均为舶来品，外墙贴浅枣红泰山面砖，各层钢筋混凝土楼板上铺柚木地板，内部卫厕、水暖齐备，设电梯。为现代主义建筑风格。

英国宝顺洋行

地址：（现）天津路 5 号，（原）英租界宝顺街洞庭街口

结构：砖混

规模：3 层，建筑面积 1830 平方米

施工单位 / 人：汉合顺营造厂

建筑年份：1916 年前后

保护等级：武汉市优秀历史建筑

位于外滩的宝顺洋行老楼

1831 年，英商兰斯禄·颠地（Lancelot Dent）为开拓中国市场，将颠地洋行改名宝顺洋行，寓意“宝贵和顺”。1861 年 3 月 21 日，宝顺洋行行主韦伯跟随英国官员参与中英《汉口租界租约》的签订，宝顺洋行成为首个进入汉口租界的外国洋行。同年 4 月开辟沪汉航线，并提供贷款修建英租界江堤和宝顺栈码头（五码头），洋行边马路被命名为宝顺路（今天津路东段）。1866 年，受伦敦金融风潮波及，业务势弱，1870 年东山再起，仍袭称“宝顺”，但实力今非昔比。宝顺行舍原设长江边，1916 年前后在现址兴建大楼，现为这家古老洋行在华的唯一遗存。有资料显示，该楼 1917 年为通和洋行。建筑外墙清水红砖砌筑，转角处楼体呈圆柱形，设主入口。入口上方二、三层沿弧形墙体开五扇长条形窗，二层窗外设阳台。两侧展开墙体做横向凹槽，设精致山花。更多呈现英国古典主义风格。

英国汇司公司

地址：（现）洞庭街91—97号，（原）法租界吕钦使街

结构：砖混

规模：3层，建筑面积2083.59平方米

建筑年份：1913年前

保护等级：武汉市优秀历史建筑

汇司公司1875年由英国侨民约克创办于上海，主营绸布、服饰、家具等，与福利、泰兴、惠罗等公司并称南京路外资四大百货公司。汇司公司1910年前在汉口设分公司，1922年前后结束在汉经营。在武汉市第三次文物普查名录中，此大楼记为皇宫舞厅及

民国时期位于汉口法租界吕钦使街的英国汇司公司

弹子房旧址。据传，这里还曾为法租界著名的皇宫舞厅所在地。建筑纵横三段式构图，二、三层设外廊，由竖向扶壁柱贯通，柱身有横向线条勾勒，柱头造型及檐口线条花饰精美。呈现古典主义建筑风格。

英商太古洋行汉口分行

地址：（现）沿江大道 140 号，（原）英租界河街

结构：砖混

规模：4 层，建筑面积 3267 平方米

施工单位 / 人：魏清记营造厂

建筑年份：1918 年

保护等级：武汉市优秀历史建筑

初建的太古洋行老楼为两层楼房

1920年左右的太古洋行大楼改建为四层楼（图为楼房背面）

1920 年的太古洋行大楼。图中右 1 为华昌洋行大楼，右 3 为横滨正金银行老楼

1867 年，英商约翰·萨缪尔·斯怀尔在上海成立太古洋行，1873 年设汉口分行于英租界江边，有船舶 24 艘，开行经营汉口至上海、湖南等地航线。太古洋行 1904 年—1929 年从汉口沿江大道民生路至黄浦路扩建仓库 16 座，和码头、堆栈等一起绵延 10 余里。1932 年“一·二八”事变后长江被封锁，业务大受影响。1933 年，太古洋行发生广东海员罢工，波及汉口，致汉口分行进一步衰落。1938 年 10 月武汉沦陷后歇业。

英商太古洋行小楼

地址：（现）沿江大道 144 号，（原）英租界河街

结构：砖木

规模：2 层，建筑面积 936.90 平方米

施工单位 / 人：李培记营造厂

建筑年份：1873 年后

保护等级：武汉市优秀历史建筑

太古洋行小楼用严谨柱式组织立面，开间整齐

1954年12月15日，太古洋行结束在华一切业务。该楼三段式构图，主入口设多立克圆柱门斗，顶部为露台。底层和三层拱券门窗，二、四层变四角形方窗。二层窗户间方形壁柱作装饰，四层窗户间变方形双壁柱造型。三层设凸出腰线，四层屋檐外伸，红砖清水墙面，红瓦坡屋顶。呈现古典主义建筑风格。

汉口赞育药房

地址：（现）洞庭街103—105号，（原）法租界吕钦使街
结构：砖木
规模：3层，建筑面积1618.86平方米
建筑年份：1913年
保护等级：湖北省文物保护单位

1931 年的赞育药房

赞育药房现貌

汉口开埠后，英商在汉口英租界建香港华生有限公司中国内地分店。1909 年，赫伯特·詹姆斯·林出资设医药公司，1910 年脱离华生公司成立汉口赞育药房有限公司，赫伯特自任经理，注册地香港。1913 年，赫伯特在汉口法租界购地建大楼。1920 年 9 月，赞育药房改组设董事会，从英国进口设备制售赞育牌汽水，与和利汽水厂争夺市场，药房亦成为苏伊士运河以东地区最大零售药店。1941 年太平洋战争爆发，日本全面接收英美在华企业，终结赞育药房业务。1949 年 5 月后，大楼被收归国有。现一楼为商业用房，二、三楼为居民住宅。建筑作纵向方形壁柱分割，左右对称。三楼两侧设阳台，上设圆形气窗，装饰拱券檐口，楼顶设斯拉夫风格“瓜皮帽”小塔。左右两侧高于总体，富于变化。

英国卜内门洋行

地址：（现）胜利街87号，（原）英租界湖南街

结构：砖混

规模：3层

设计单位/人：景明洋行

设计年份：1921年

施工单位/人：汉协盛营造厂

建筑年份：1921年—1924年

保护等级：暂未确定

20 世纪 90 年代初期的卜内门洋行旧址

暂时空置的卜内门洋行旧址，外立面作了很大改动

20 世纪初的卜内门洋行大楼（左 1）

英国卜内门洋行即布鲁纳—蒙德公司（Brunner Mond &.Co），1872 年由卜内氏（John Thomson Brunner）和门氏（Ludwig Mond）两人合伙创办，后两人反目成仇，两败俱伤，企业被英国皇家收归所有，改名为帝国化学公司，但对外仍沿用“卜内门”招牌。1900 年在上海开设远东总号驻华分行，聘请在华英商李德立（E.S.little）为总经理，经营纯碱、染料、化肥、肥皂等。李德立在中国各大商埠创设若干分店。1920 年，卜内门远东总号改组为驻华、驻日两家独立子公司，驻华为上海卜内门洋碱有限公司。卜内门汉口分公司于 1910 年左右设立，1921 年—1924 年设计、建成汉口卜内门洋行大楼。太平洋战争爆发后，该大楼被日本接管。抗战后虽收回资产经营，但不复旧日光景。新中国成立后，一度因竞争对手美国退出而短暂兴盛。1953 年开始收缩业务，1956 年退出中国。汉口卜内门洋行大楼在 20 世纪 50 至 90 年代先后为武汉市纺织工业局、武汉市电子工业局办公楼。

汉口卜内门洋行大楼靠胜利街的南外立面为花岗石勒脚，清水红砖外墙，但将檐口线和一楼墙面用水泥粉刷，檐口线及腰线与基座色调相呼应，同时一楼水泥墙面别出心裁露出四组（各三方）红砖，与二、三楼清水红砖外墙作呼应。南外立面中间由六根方柱分隔为七组门窗，均设在阳台内，两边各一组外窗，用简单几何形状作装饰，使整座建筑浓淡相宜，清新别致。大楼正面门厅两边各有双塔司干柱支撑，两边外侧柱被墙体半包而正面却砌成方壁柱形制，门檐有简单几何图案作线条装饰，具新古典主义风格。

立兴洋行汉口分行旧址

地址：（现）沿江大道 183 号，（原）俄租界法兰西大街

结构：砖木

规模：3层，建筑面积1090平方米

设计单位/人：德商石格司建筑事务所

施工单位 / 人：民生营造厂
建筑年份：1901 年（1935 年改造）
保护等级：武汉市优秀历史建筑

1870 年，法国人立兴、艾切玛在上海创设立兴洋行，从事粮油、钢材贸易和房地产等业务。1895 年在汉口设分行，1901 年在现址自建三层大楼。刘歆生曾为该行买办。1902 年，立兴洋行参与长江航运竞争，力所不逮，1911 年退出。1923 年迁入洞庭街新楼，旧楼先后租给中法实业银行、未婚夫酒店、比利时义品地产公司，后来被德商发利饭店租用，其牛排在汉口颇有名气。1935 年，发利饭店被波兰商人接手，改名为老汉口饭店。该建筑三段构图，中部突出为入口，门廊为多立克柱式。主立面皆设半圆拱木窗，外墙精美砖饰。砖砌壁柱竖向划分，二、三层连续券柱式拱廊，坡屋顶覆红瓦。

立兴洋行汉口分行大楼旧影

1901 年建成时的立兴洋行汉口分行大楼

立兴洋行大楼

地址：（现）洞庭街 82—84 号，（原）法租界吕钦使街

结构：砖混

规模：4 层，建筑面积 5213 平方米

设计单位 / 人：三义洋行

施工单位 / 人：广帮和隆营造厂

建筑年份：1922 年—1924 年间

保护等级：武汉市优秀历史建筑

1921 年，立兴洋行大班郭田买进教会三德堂地皮，1923 年建楼。立兴洋行汉口分行同年从长江边原址迁此，用一楼一套办公，另三套由三义、美商满海、艾德林三家

立兴洋行（洞庭街）老照片

洋行承租，二、三、四层公寓仅租给外国人，1936 年后始租给华人。立兴汉行 1938 年底停业，业务、员工转属法商永兴洋行。1950 年，大楼经租权移交比利时义品公司。1954 年，大楼所有权移交武汉市房地产公司。该楼正立面由铁砂砖、优质砖砌成，阜成砖厂清水红砖墙面，平面两端前凸。二、三层为双联券柱式窗，底层中部入口前设多立克券柱式，三开间门廊，四柱向上贯通，形成上方两层跳台敞廊。分左右两单元，单元内每层两套，共 16 套，每套 7 间。呈现新古典主义建筑风格。

德国福来德洋行

地址：（现）胜利街 325 号，（原）德租界威廉大街

结构：砖混

规模：3 层，建筑面积 2294.09 平方米

建筑年份：1925 年—1927 年

保护等级：武汉市优秀历史建筑

福来德洋行总公司 1902 年在德国汉堡成立，后在上海、天津、汉口开设分公司，1924 年在汉口六合路北侧建加工厂、栈房。1917 年的汉口特别区（原德租界）地图显

20 世纪 20 年代的福来德洋行

福来里旧影

福来德洋行背面

示，今胜利街 325 号区域建有福来德洋行大楼和福来里。该行从事棉纺织品、牛羊皮、土特产等进出口业务，产品多输往德国。其业务延续至 40 年代初结束。新中国成立后，该楼为武汉铁路局中心防疫站办公楼，后为该局武汉中力物流公司办公楼。该建筑为三段式构图，底层勒脚外贴蘑菇石，中间主入口门廊多立克柱式承接上部观景阳台。外立面竖向线条，直角方窗，二层腰线、三层檐口外凸。呈现文艺复兴式建筑风格。该建筑原为三层，后有加层。

德国美最时电灯公司公事楼

地址：（现）沿江大道二曜路口，（原）德租界海因里希亲王街

结构：砖混

规模：4 层

建筑年份：约 1905 年

保护等级：武汉市优秀历史建筑

美最时总行设德国柏林，在上海设分总行，1862 年在汉口设分行，经营进出口、保险、船舶等业务，前后计 80 余年。美最时汉行大楼设德租界海因里希亲王街（今沿江大道二曜路口），在大楼北侧设美最时电灯厂。武汉被日军侵占后的 1944 年，美机空袭汉口，美最时电灯厂与该行华籍职工住宅、蛋厂、各栈房（除牛皮厂外）均被炸毁。抗战胜利后，美最时汉行大班何伯乐（Hopphold）、阿尔的美登（J.Altamappen）及门达（Mende）被国民政府遣送回国，财产被没收，停止在汉一切业务。该建筑为四层砖混结构，顶层设暗楼。外墙为清水红砖，二层与四层楼顶设突出腰线，与窗棂间垂直竖线成几何图形划分墙面，屋面为红瓦坡顶，屋尖部分设暗顶，墙面开窗。呈现新古典主义建筑风格。

汉口西门子洋行旧址

地址：（现）一元路 2 号，（原）德租界奥古斯塔街

结构：钢混

规模：4 层，建筑面积 2801.53 平方米

设计单位 / 人：景明洋行 /［德］石格司

施工单位 / 人：汉协盛营造厂

建筑年份：1908 年

保护等级：武汉市文物保护单位

德国西门子洋行创建于 1847 年，1901 年该行在汉口租界首开市内电话。1908 年，西门子大楼落成。在武汉生活了 27 年的日本人内田佐和吉所著《武汉巷史》（1940 年出版）记载其为“一座位于汉中街（今中山大道——编者注）角上的大厦，这是与一

西门子洋行大楼曾作武汉市卫生局办公楼

西门子洋行背面

元路相关的最好的楼，这栋大厦就是西门子公司。德国领事馆（今市政府 1 号办公楼——编著注）在这条街上建馆的同时，西门子公司在这条街上建楼”。1926 年 10 月，国民政府总顾问鲍罗廷曾在楼内办公。1927 年“四一二”反革命政变后，中共中央在此召开政治局紧急会议。当时，一楼还是英文报纸《国民论坛》报馆。1938 年武汉沦陷后，该楼被日本通信公司占据，抗战胜利后为国民党武汉军警宪联合督察处。新中国成立后曾为武汉市卫生局办公楼、武汉市老中医门诊部。该楼三段式构图，地上三层，底部建半地下室，正门台阶进入二层，正面 13 开间，两侧各有一间退后，中间的三、四层凸建 6 根廊柱，廊柱两侧顶部各设一德式平行塔楼。呈现古典主义建筑风格。

希士大楼

地址：（现）黎黄陂路 18—34 号，（原）俄租界铁路街
结构：砖木
规模：3—4 层，建筑面积 5122.80 平方米
建筑年份：1911 年—1912 年间
保护等级：武汉市优秀历史建筑

据《1926 年汉口特区（原俄租界）全图》标注为“希士”房产。1926 年 4 月 23 日汉口特区纳税人常年大会外籍选举人名单中，希士有一票。建筑为红砖外墙，圆、方立柱错落其间，拱券大窗，方形入口，红瓦斜面房顶，具古典主义建筑特点。

汉口新泰大楼旧址

地址：（现）沿江大道 158 号，（原）俄租界尼古拉大街列宾街口

结构：钢混

规模：5 层，建筑面积 3523.88 平方米

设计时间：1921 年

设计单位 / 人：景明洋行

施工单位 / 人：永茂昌营造厂

建筑年份：1924 年

保护等级：全国重点文物保护单位

1924 年改扩建的新泰大楼

新泰洋行 1920 年前后在鄂哈街建造的仓库旧址

1866 年，俄商托克莫可夫和莫洛托可夫在汉口创建新泰洋行从事中俄茶叶贸易。1891 年，来华游历的俄国皇太子（后为末代沙皇尼古拉二世）亲临视察，茶厂特制 25 周年纪念茶砖。1920 年，新泰洋行在英国伦敦注册亚洲贸易公司，1924 年翻建新泰大楼。1941 年太平洋战争爆发后，新泰茶厂被日军强占，交由日本茶叶株式会社经营。至抗战胜利后其机器、设备被悉数转运，成为空壳。至今，新泰洋行遗存有厂房、仓库、茶厂水箱楼等建筑遗存。该楼三段式构图，基座、墙身划分明确、突出。入口设转角处，进门三角形主楼梯旋转而上，风格独特。顶部置精致椭圆形穹窿塔楼。呈现古典主义建筑风格。

美国美孚石油公司码头办公楼

地址：江岸路 5 号

结构：砖木

规模：2 层，建筑面积 600 平方米

建筑年份：1910 年

保护等级：武汉市优秀历史建筑

美孚石油公司由石油大王约翰·洛克菲勒于 1882 年创建，总部设美国得克萨斯州爱文市。美孚（中国）总公司设上海，1903 年设汉口分公司（简称美孚汉行），营业部设花旗银行大楼，在丹水池建油栈、专用码头、趸船和铁路专用线，经销美孚、虎、鹰牌燃油、蜡烛、凡士林等。初由叶澄衷的顺记广货店和德商咪吔洋行代销，后由买办丁慎安的正大煤油店代销，1915 年后自行推销。1941 年太平洋战争爆发，被日军征收交日商经营。抗战胜利后复业，改名汉口美孚公司。1951 年，美孚汉行所有存货被

日租界江边的美孚汉行栈房

武汉市军管会征购。1952年10月，美孚中国总公司歇业，美孚汉行经理茅以仁亦于11月提出歇业申请。1965年该处为湖北省粮油进出口公司储炼厂，现为省粮油食品进出口集团武汉宏福源物流公司办公楼。底层架空，红砂岩基础。一层麻石墙面，二层清水红砖墙，转角大进深外廊。屋架木梁造型独特，铁皮瓦坡屋面。室内木梁牛腿装饰线条保存完好，主入口设精美铁艺花式木门。属中西合璧别墅风格建筑。

日本东京建物株式会社旧址

地址：（现）长春街73—75号，（原）日租界中街大正街口

结构：砖混

规模：3层，建筑面积1067.90平方米

建筑年份：1920年—1930年

保护等级：武汉市优秀历史建筑

1909年的汉口地图上该地块标注为“东京建物会社地界”，该建筑于1920年—1930年间建成。东京建物株式会社（Tokyo Tatemono,INC.）成立于1869年，承接日本国内政府及民用建筑工程。1902年—1908年为天津日租界主要建筑开发商。1903年，汉口日租界建设与经营委托于民营大仓土木组。1909年8月后，日租界扩张地建设与经营开始委托于东京建物株式会社，成为主要建筑开发商。该建筑平面为矩形，立面纵向为三段式构图，两边出入口设两根立柱支撑门斗，上设大阳台，局部为坡屋面，平屋面处设栏杆。呈现“洋式和风”风格。

汉口日清洋行大楼

地址：（现）江汉路 2 号，（原）英租界河街太平街口

结构：钢混

规模：5 层，建筑面积 6427 平方米

设计时间：1927 年

设计单位 / 人：景明洋行

施工单位 / 人：汉协盛营造厂

建筑年份：1928 年

保护等级：武汉市文物保护单位

20世纪80年代的日清洋行旧址大楼

图中道路为清末汉口英租界太平街（今江汉路临江一段），右边楼房为英商太平洋行，后为日清轮船公司老楼

1907年，日本大阪商船公司、日本邮船公司、湖南汽船公司和大东汽船公司合并成立日清轮船股份公司，总部设东京，在上海、汉口设分公司。该公司在汉口沿江有码头两座，堆栈6处，经营汉口至上海、湘潭、宜昌航线。1928年在现址翻建大楼。1937年七七事变后奉令将长江上游船只和日侨集中驶运上海，1939年并入东亚海运股份公司。1941年，在中国沦陷区港口停泊的太古、怡和以及挂意大利国旗的中国三北公司均被该公司接管。日清公司受日本政府资助，在日航运界扮演政府“国策使命”角色。抗战胜利后，由国民政府军事委员会后勤总部水运指挥部派员接收。日清公司地块原为英商太平洋行（江汉路因此命名太平街），约在1907年前后转给日清轮船公司。该建筑主入口居中，以爱奥尼克柱强化，上层双支柱两侧对称布置。上部仿麻石粉刷，底层外墙大块麻石垒砌，转角处顶部构筑拜占庭式角塔，呈现文艺复兴式建筑风格。

日信洋行

地址：（现）江汉路 6 号，（原）英租界太平街
结构：钢混
规模：5 层，建筑面积 4743.76 平方米
设计单位 / 人：景明洋行
施工单位 / 人：汉协盛营造厂
建筑年份：1916 年—1917 年
保护等级：武汉市优秀历史建筑

太平街(今江汉路)上的日信洋行大楼(右侧第二栋)

日信洋行创立于 1892 年，原名大阪日本棉花株式会社，后改称日棉实业株式会社。1910 年在汉口设分行，初设汉口河街（今沿江大道），1917 年迁入今江汉路 6 号大楼，经营棉纱、布匹、牛羊皮等杂货出口和五金进口业务。武汉沦陷后，该行协助日军通过商业收购强占和掠夺物资、财产，并从事情报工作，商务活动居其次。1941 年底，曾伙同日商泰安纱厂强占华商第一纱厂。抗战胜利后，日信洋行大楼被中国政府没收。大楼呈三段构图，临街外墙麻石砌筑，一至二层长窗料石，三至四层中部圆柱顶挑阳台，檐口有女儿墙。呈现欧洲古典主义建筑风格。

三北轮船公司住宅

地址：（现）沿江大道 167 号，（原）俄租界尼古拉大街领事街口

结构：砖混

规模：5 层，建筑面积 3687.50 平方米（原 4 层，建筑面积 3199.80 平方米）

施工单位 / 人：汉协盛营造厂

建筑年份：1922 年

保护等级：武汉市优秀历史建筑

民国时期的三北轮船公司汉口分公司办公楼

三北轮船公司由上海著名德国洋行买办虞洽卿创办于1913年，因慈北、镇北、姚北三轮自宁波航行镇海、余姚而得名，1915年设汉口分公司。抗战爆发后，三北集团沉于江阴、马当和黄浦江的轮船、趸船达7艘、1.2万吨；沉于广州、福州、镇海的船只达11艘、1.6万余吨，为封江御敌作出巨大牺牲。抗战胜利以后，三北公司汉口分公司返汉恢复长江中下游航线，但由于国民党发动内战，航运业务陷入瘫痪。1949年5月18日，武汉市军管会交通接管部代表刘惠农接管该公司，1951年2月起归中国人民轮船总公司长江区公司管辖。大楼以现代风格简化列柱、轴线装饰立面，整体保留三段构图和转角入口圆形塔等古典主义建筑手法。

永泰和烟草公司暨邮政储金汇业局

地址：（现）南京路 49 号，（原）特三区阜昌街

结构：钢混

规模：3 层（后加一层）

建筑年份：1929 年前后

保护等级：武汉市优秀历史建筑

楼房墙柱上的“永泰和烟草公司”招牌墨迹

英美烟公司最大经销商永泰和烟草公司老板郑伯昭原是上海、广东烟商开的永泰栈职员。永泰栈是销售英、美卷烟的老晋隆洋行最早的经销商之一，1902 年推销“老刀”牌卷烟一炮打响，1912 年推销“大英”牌香烟成同行之冠后，郑伯昭遂自立门户，开设永泰和烟行。永泰和烟行于 1921 年与英美烟公司合办销售，改名为永泰和烟草股份有限公司。由于其推销地盘大于英美烟公司本身，1930 年，浙江、江苏和上海推销业务尽归永泰和旗下。

1935 年 7 月改为邮政储金汇业局汉口分局，创办简易人寿保险。1938 年 10 月汉口沦陷后，迁法租界福煦大将军街（今蔡锷路）2 号勉强维持，由重庆总局划拨生活费，经理为张元昭。1945 年 11 月迁回原址。1949 年 8 月由湖北人民邮政管理局接管后撤销。

汉口真光照相馆

地址：（现）胜利街 247 号，（原）法租界德托美领事街

结构：砖木

规模：2 层，建筑面积 1082.58 平方米

建筑年份：1913 年前

保护等级：武汉市优秀历史建筑

真光照相馆由广东人黄眉初 1919 年在太平街（今江汉路）开设，为武汉著名照相馆之一。抗战期间馆所被日军炸毁，黄氏购买法租界德托美领事街（今胜利街 247 号）房屋迁入营业。该馆经两代人打理，积累了大量汉口老照片。军阀吴佩孚曾在此照相，

民国时期江汉路的真光照相馆

梅兰芳曾在此拍摄一组 35 幅的戏装照（2011 年在北京以 11.5 万元的价格拍卖成交）。三四十年代在庐山开分店，所摄许多珍贵历史照片现藏庐山博物馆。1956 年后由公私合营转国营。1962 年，黄家二代传人黄启荣调武汉市服务学校任教。五六十年代，武汉各界、新闻单位常来索取史料照片。其中有 1927 年武汉人民收回英租界、孙中山逝世二周年纪念大会、1931 年武汉水灾纪实、1935 年金水闸竣工等大事件的相关照片。该建筑为砖木结构，立面由青、红砖拼接而成，木质门窗，二层设拱形砖砌窗券。南面转角处设外凸阳台。室内设木地板、壁炉。为近代西式建筑。

四、公共市政建筑

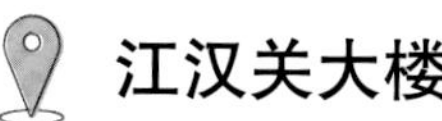

江汉关大楼

地址：沿江大道 129 号

结构：钢混

规模：8 层（主楼建筑 4 层、钟楼 4 层，总高度 46.3 米），占地面积 1499 平方米，建筑面积 4009 平方米

设计单位 / 人：景明洋行 / 斯九生（Stewrdson）

施工单位 / 人：魏清记营造厂

建筑年份：1922 年—1924 年

保护等级：全国重点文物保护单位

1861 年 3 月汉口开埠，1862 年 1 月 1 日设汉口海关——江汉关，关址初设花楼街外江滨（汉口河街），1866 年购美商旗昌洋行房屋作办公场所和缉私仓库。1908 年 1 月屋朽，迁英租界工部局楼房（江汉关现址）。1921 年因筹建新楼，临时迁汇丰银行，1924 年新大楼落成后回迁。1938 年 10 月武汉沦陷，大楼被日军第二船舶运输司令部汉口支部占据，成立转口税局，江汉关再度迁汇丰银行大楼。1949 年 5 月 26 日，武汉市军管会接管江汉关，1950 年改称中华人民共和国汉口关，10 月 15 日改名武汉关。1956 年 5 月 1 日撤销武汉关，大楼移交湖北省外贸局使用。1980 年 4 月 1 日恢复武汉关。2012 年，武汉海关迁址汉口东西湖区金银湖南路，原址辟为江汉关博物馆。江汉关设立后，其最高税务职务——总税务司由外国人担任，清廷地方当局设江汉关监督。新中国成立后，武汉海关权力被人民政府收回。

江汉关大楼为钢筋混凝土筏式基础，外观造型仿欧洲文艺复兴风格，三段式构图，四周立柱、外墙、廊柱均采用大件花岗岩构造，柱饰为变形“科林斯”柱头。楼顶设英式钟楼，四立面装直径为 13.12 英尺时钟，按时奏乐，声传三镇。大楼正面匾额“江汉关”三字，由民国时期曾任湖北省教育厅厅长的宗彝题书。该楼建成后 60 年内，一直是汉口地标性建筑。

江漢關

江汉关大楼的原址是英租界工部局大楼

江汉关大楼及其周边建筑

1954 年武汉防汛时的江汉关堤段

1969 年初的江汉关大楼及江边大堤

汉口总商会暨中华全国文艺界抗敌协会旧址

地址：（现）中山大道 489 号，（原）后城马路

结构：砖混

规模：4 层

建筑年份：1920 年

保护等级：全国重点文物保护单位

中华全国文艺界抗敌协会成立时在汉口总商会门前合影

1907 年 11 月，汉口商务局组织汉口商务总会，在英租界湖北街扬子街口建会所。1916 年开始筹集资金，建设新会所。1920 年底在现址建成新的汉口总商会大楼。该大楼成为汉口最重要的公共活动场所，见证许多重大历史事件。1938 年 3 月 27 日，中国共产党领导下的中华全国文艺界抗敌协会在汉口总商会大楼成立，选出郭沫若、茅盾、老舍、巴金等 45 名理事，周恩来、孙科、陈立夫为名誉理事，通过《中华全国文艺界抗敌协会宣言》。“文协”成立后，以抗战文艺进行大量宣传活动，鼓舞了全国军民的抗战士气。武汉沦陷前汉口总商会负责人撤往重庆，设汉口市商会驻渝办事处，抗战胜利后返汉复会。1949 年 10 月 26 日，武汉市工商业联合筹备会接管汉口市商会等，1952 年成立武汉市工商业联合会。该楼为汉口商埠发展时期的标志性建筑。地上三层（中部四层），钢混结构。正立面三段式划分，正中大门两根爱奥尼克柱从底层直达二层门檐，其余均为装饰壁柱纵向划分，方形窗户。呈现古典复兴式建筑风格。

国民政府第六战区受降堂旧址

地址：解放大道 1265 号中山公园内

结构：砖混

规模：地上 1 层，建筑面积 400 平方米

建筑年份：1942 年

保护等级：全国重点文物保护单位

1945 年 8 月 15 日，日本宣布无条件投降。9 月 18 日下午 3 时，日华中派遣军总司令、第六方面军司令官冈部直三郎等 4 人来到中山公园受降堂，向国民政府第六战区司令长官孙蔚如上将、副长官郭忏等呈上投降书，孙签字受领。此次受降共接受 202335 名日军、12988 名日侨，9 月 25 日解除驻汉日军全部武装。此建筑原为日伪武汉特别市市长张仁蠡为其父张之洞所立“张公祠”，是一座平顶厅堂式横列建筑，长 34 米，宽 12 米。1945 年国民政府军队进驻武汉后改其为受降堂。现已辟为博物馆对外开放。

国民政府第六战区受降堂室内

第六战区司令长官孙蔚如像，孙负责接收日第六方面军司令部及其驻湖北部队投降

日军投降后走出受降堂

江汉关监督公署（汉口国民政府外交部旧址）

地址：一元路 5 号

结构：砖混

规模：3 层，地下 1 层，建筑面积 2200.77 平方米

建筑年份：1905 年

保护等级：武汉市文物保护单位

1861 年 3 月汉口开埠，1862 年 1 月 1 日设立江汉关，税务司为外国人。清廷指派郑兰为汉黄德道兼江汉关监督，并督理华洋交涉事务。

陈友仁像

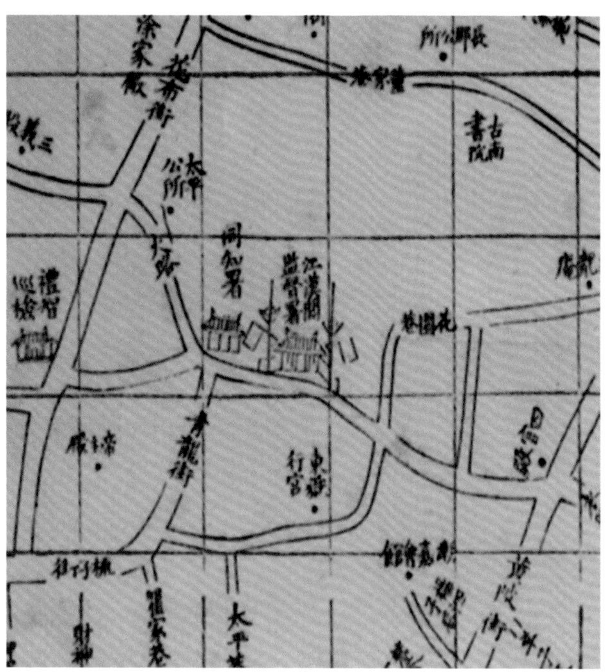

图为《清末武汉城镇合图》标注的江汉关监督署，地处今江汉区大兴路大董家巷附近

在汉口德、俄、法租界兴建时，汉口城翼尚未拆除，城内外尚有中方官地十余丈，后拆城填壕，此段地域不属德、法租界，因而中方江汉关监督公署新大楼设于己方地域。1911 年 10 月 11 日湖北军政府成立，10 月 17 日黎元洪改组军政府，成立外交部。翌年改名为湖北省外交司，次年又改为湖北特派交涉员公署。1914 年，该公署并入江汉关监督公署，交涉员由江汉关监督兼理。1927 年 1 月 1 日，国民政府宣布定都武汉，设外交部于该楼，外交部部长为陈友仁。该建筑坐南朝北，立面对称，居中二柱宽柱式门廊，大门设门斗，设二十级台阶，基垫较高，底层设半地下室。廊顶有镂雕，窗户兼有方形和拱形，呈现古典主义建筑风格。

汉口新四军军部纪念馆（原日本总领事馆警察署）

地址：（现）胜利街 332—352 号，（原）大和街 34—44 号

结构：砖木

规模：2 层，建筑面积 796 平方米

施工单位 / 人：广帮营造厂

建筑年份：1925 年前后

保护等级：全国重点文物保护单位

1937 年 7 月全面抗战爆发，中国共产党与国民党达成协议，于当年 8 月将红军主力改编为国民革命军第八路军，10 月将江西、湖北等 8 省的红军和游击队整编为国民革命军新编第四军。新四军下辖 4 个支队、1 个特务营，共计 1.03 万余人。军长叶挺，副军长项英，参谋长张云逸，副参谋长周子昆，政治部主任袁国平，副主任邓子恢。12 月 25 日，新四军军部在汉口原日租界大和街 26 号成立。1938 年 1 月 4 日，为开展

1938 年 1 月 4 日，项英率部分工作人员乘船离汉赴南昌。行前，新四军军长叶挺（中）、副军长项英（右二）、参谋长张云逸（右四）、曾山（右一）、傅秋涛（右五）在汉口合影

敌后抗日游击战，项英率军部大部分人员离汉去南昌，1 月下旬叶挺亦离汉赴南昌。新四军驻汉事宜后委托八路军驻汉办事处代办。当年在此工作和居住的新四军将领有叶挺、项英、张云逸、周子昆、曾山和从日本回国参加抗战的郭沫若等。该建筑 1898 年为日本驻汉口总领事馆警察署。七七事变后，日本侨民回国，该楼被没收。2006 年，武汉市人民政府拨专款将其按原貌修复，辟为纪念馆。该建筑为二层砖混结构，屋面为日本式样红瓦坡顶，中部屋尖部分设暗顶，墙面虽不设古典柱式，但细部装饰带有西洋装饰手法。为日本明治时代本土建筑仿效欧美洋风基础上发展起来的“和洋风”建筑风格。

汉口平汉铁路局旧址

地址：（现）胜利街 174 号，（原）法租界德托美领事街

结构：砖木

规模：4 层，建筑面积 4345.31 平方米

设计单位 / 人：夏光宇

建筑年份：1920 年

保护等级：湖北省文物保护单位

1931 年武汉大水，平汉铁路局亦被淹

1906 年 4 月京汉铁路全线通车，1909 年清政府从比利时公司赎回路权后，于 1910 年在京汉路南端的汉口设京汉铁路南局，后在现址建办公大楼。1927 年武汉国民政府时期曾作交通部办公楼。1928 年 4 月，南京国民政府二次北伐进京，改“北京”为“北平”，京汉铁路亦改名为平汉铁路，并将平汉铁路总局南迁汉口，设局址于此。1938 年 10 月武汉沦陷后，平汉铁路总局外迁，抗战胜利后迁回原址。该楼平面呈 H 字形，底层拱券式门窗上锁石装饰为古罗马建筑元素。二至三楼为长窗，中部挑出多边形阳台，三楼的阳台变拱券门，装弧形门楣，两边与大楼檐口相接，自然天成而富于变化。中部入口设门斗，突出两翼筑成骑楼，底层空廊可供行走。此类介于室内外半敞开式的公用空间，适合多雨的南方。整体呈现欧美折中主义建筑风格。

德国工部局、巡捕房

地址：（现）胜利街 271 号，（原）德租界威廉大街

结构：砖混

规模：主体 2 层，塔楼 6 层，建筑面积 1245.61 平方米

建筑年份：1909 年

保护等级：武汉市优秀历史建筑

德国工部局（现武汉警察博物馆）大门走廊

建成不久的德国工部局

1931 年武汉大水时原德工部局大楼被淹

1906 年，德租界仿英国租界制度设工部局。工部局董事会由纳税人会议选举产生，下设巡捕房，行使警察权等各种行政权，首任总董施立施廷（H.Schlichting）。1909 年在现址建成工部局大楼。1917 年 3 月 15 日，中国北洋政府收回德租界设特别区，工部局成为该区警察局公事房。新中国成立后，为武汉市公安局办公场所。2019 年经整修后辟为武汉警察博物馆。该建筑底层红砂岩垒砌，上部斩假石粉面，罗马拱券形窗，窗框用钢筋水泥浇制。转角处设突出瞭望塔楼。大楼左侧为红瓦坡屋面，右侧设平台，呈现浓郁的德式建筑风格。

日本居留民团办事处

地址：（现）胜利街 335 号，（原）日租界中街 21 号

结构：砖混

规模：2 层

施工单位 / 人：大仓土木组

建筑年份：1912 年

保护等级：武汉市优秀历史建筑

原山崎街（今山海关路）的日本驻汉口总领事馆

1907 年 9 月，日本政府决定在中国津、沪、杭、汉口等 5 个城市的日侨中实施《居留民团法》，汉口日租界成立日本居留民团。1908 年 7 月，日领事馆将代管的事务居留地管理权移交居留民团，包括管理火葬场、墓地和办理小学校、幼稚园及征收税费、整理居留地工务等事宜。20—30 年代，汉口居留民团与日本领事馆相邻，“七七事变”后随日侨退出汉口，1940 年 3 月回汉恢复，团址设湖南街 14 号（今汉口胜利街），1943 年 8 月设现址，直到抗战胜利后撤销。该建筑曾为日本邮便局局长官邸，与日本邮便局毗邻而立，1910 年始建，1912 年建成。1923 年，日本邮政机构撤销，该建筑交日本领事馆作总领事公馆。1943 年，日驻汉口总领事迁居重建的日本领事馆，该建筑成为日本居留民团办事处。此建筑红瓦坡屋顶，洗麻石饰面，蘑菇石勒脚。主立面左右对称，采用竖向柱式线条划分，入口处拱形门窗。呈现日本辰野式建筑风格。

汉口特区警察署旧址

地址：（现）胜利街112—114号，（原）特区四民街

结构：砖混

规模：2层

汉口特区警察署旧影

原为俄租界巡捕房，1896 年建立，位于工部局（今胜利街黄陂路小学）内，后迁至现址。1900 年前后，有巡捕 30 人，其中外籍巡捕 9 人，华籍巡捕 21 人，下辖治安、情报、司法等课。1901 年，由 5 名哥萨克人、9 名华人组成的巡捕负责租界内治安。1925 年，中国政府收回汉口俄租界，设立汉口特区管理局，将此大楼改设汉口特区警察署，1929 年 1 月该署撤销。该建筑为砖混结构，正面三段式划分，中间设四层塔楼，两侧为三层，顶部设三角形山墙暗顶，底层设五座大开间门廊（现存建筑已改变成两层，中部塔楼被拆除）。呈现新古典主义建筑风格。

大智门火车站

地址：京汉大道 1232 号

结构：砖混

规模：2—3 层，建筑面积 1176 平方米

设计单位 / 人：［法］萨杜·普多曼

施工单位 / 人：广邦营造厂

建筑年份：1917 年

保护等级：全国重点文物保护单位

大智门火车站原为卢汉铁路（后称京汉铁路）南端终点站主体建筑。第一代站房为木结构西洋式平房，建于 1906 年京汉铁路全线通车之前。第二代站房建于 1917 年之前，为斜坡瓦顶无塔楼两层楼站房，该站房在辛亥革命阳夏战争中被战火损毁部分。第三代站房为法国四堡式建筑，于 1917 年在旧站房基础上重建，一直使用至 1991 年。抗日战争时期，大智门火车站风云际会：1937 年 9 月 17 日下午，中国军队第 9 军军长郝梦龄从这里北上抗日，血战成仁；1938 年春，八路军副总指挥彭德怀到达武汉；台儿庄抗战滕县战役中，41 军 122 师师长王铭章以身殉国，灵柩由徐州经大智门车站运抵武汉。1991 年 10 月 1 日，汉口火车站（大智门火车站）北迁至汉口金家墩新址，老车站终止使命。随着铁路北移外迁，京广线汉口城区铁道路轨被拆除，建成京汉大道。

大智门火车站第一代站房近景。站牌上行标有法文“HANKOW VILLE”，意即“汉口镇（市）”，下行标有中文“汉口大智门”

大智门火车站第二代站房，屋檐匾牌上刻有中文“中国铁路总公司”和法文“京汉铁路大智门车站”的字样

大智门火车站站房被保留下来。该建筑平面呈横“亚”字形，中部突出，正中为一层，内空高 10 米，两侧为二层；立面造型为中部和两端突出，五个屋顶，中部四角各筑高 20 米塔堡，堡顶为铁铸，呈流线方锥形。墙面、窗、檐等部位以线条和几何图形雕塑装饰。呈现浓郁的法式建筑风格。

初建成的大智门火车站第三代站房

20 世纪 80 年代的汉口火车站（大智门火车站）

汉口电报局

地址：（现）中山大道 1004 号，（原）英租界湖北街天津街口

结构：钢混

规模：5 层，建筑面积 4264.64 平方米

设计单位 / 人：上海通和洋行

施工单位 / 人：魏清记营造厂

建筑年份：1920 年

保护等级：武汉市文物保护单位

汉口电报局大楼旧影

1947 年，武汉电信局成立后与汉口电报局大楼连通扩建，成为整体

1884 年，上海至汉口电报线路竣工，汉口电报局始设老熊家巷河边招商局内，1913 年迁英租界凤池里，1920 年再迁天津街新电报大厦现址。1929 年改属湖北电政管理局，1934 年始兼营长途电话业务，同年全国通商大埠邮、电合并，汉口无线总台并入该局，1937 年开始兼理电报和长途电话业务。1938 年 10 月该局西迁。1946 年成立武汉电信局，此后汉口电报局与武汉电信局大楼连通扩建，成为整体。建筑外墙为灰砂砖砌筑，转角、窗、檐口等细部用本色砖砌出精美花饰与线条。主入口设转角处，底层收进，由稳重主柱支撑上部出挑部分，底层建半地下室。呈现现代主义建筑风格。

汉口电话局旧址

地址：（现）合作路 51 号，（原）英租界湖北街界限街口

结构：砖混

规模：4 层，建筑面积 3290.20 平方米

设计单位 / 人：英国通和有限公司

施工单位 / 人：魏清记营造厂

建筑年份：1916 年

保护等级：湖北省文物保护单位

1901 年，德商西门子洋行在汉口租界内开办电话，为汉口电信业开端。1902 年，湖广总督张之洞在张美之巷筹办汉口电话局，辛亥革命后改由官督商办。1914 年，民

民国时期交通部武汉电话局证章

武汉解放时，武汉电信局工人纠察队守护大楼安全

国政府交通部出资将商办电话收归国有；1915 年又出资将租界电话收归国有，由交通部武汉电话局管理，局址设汉口大智门。1916 年在现址兴建四层电话大楼，1917 年 5 月 12 日武汉电话局迁入。1938 年 3 月划归湖北电政管理局，1945 年 9 月交通部接收该局，成立电信接收委员会，接管市内电话业务。1946 年 5 月核定武汉电信局为特等电信局，直属交通部电信总局。1949 年 7 月由武汉市军管会接管，1950 年 9 月改名为中华人民共和国邮电部武汉电信局，1955 年 1 月改属湖北邮电管理局。1980 年 2 月，武汉市电信局迁至武昌洪山路 1 号。该楼外墙为汉阳铁厂产青灰色铁砂砖，墙面有凸凹效果，线脚有砖砌装饰。入口四根立柱分两组列于大门两侧，三楼窗户设小阳台。为古典主义向现代风格过渡造型。

大清邮政局

地址：（现）江汉路 1 号，（原）英租界河街太平街口

结构：砖混

规模：3 层

建筑年份：1902 年

1866 年，大清总理各国事务衙门同意海关总税务司罗伯特·赫德（Robert Hart）（英国人）的要求，将原来由驿站代寄的各国驻华使馆公私邮传转交各地海关办理。1878 年 12 月 19 日，江汉关税务司惠达（英国人）创办汉口邮务处。1880 年，全国海关邮务处改名为海关拨驷达（Post）。1896 年，清政府创办大清邮政（国家邮政），

民国初年从英租界河街看江汉关（左侧），大清邮政局设中间三菱洋行三层大楼内，右侧为日清轮船公司

1908 年的太平街（今江汉路）照片，左侧的三层楼为大清邮政局（租用日本三菱洋行房产），右侧两层楼为日清轮船公司

汉口邮务长由江汉关外籍税务司兼任。1911 年，邮政与海关分离，设立邮传部，邮政大权仍由英国人控制。1906 年—1937 年，武汉邮政负责人 14 任无一华人。“七七事变”后，汉口邮务长格林费逃逸，中国人刘耀廷成第一位华人局长。抗战胜利后，邮政管理权完全归于中国。该楼地上三层，砖混结构，一层砌麻石墙面，二、三层均由拱形门廊组成直通式内廊（现存建筑外形有较大改变），呈现古典复兴式建筑风格。

英文楚报馆

地址：（现）胜利街北京路口，（原）英租界湖南街北京街口
结构：钢混
规模：5 层（原 4 层），地下 1 层，建筑面积 3396.88 平方米
设计单位 / 人：［俄］J.P.Gleboff（格里波夫）
施工单位 / 人：汉兴昌营造厂
建筑年份：1924 年
保护等级：湖北省文物保护单位

《楚报》（Central China Post），1904 年—1941 年共在汉出版 37 年。1904 年，英国传教士、汉口圣教书局经理计约翰（John Archibald）在新昌里创刊《楚报》，并自

初建时期的英文楚报馆侧后照

1941 年 12 月 8 日，日军查封了英文楚报馆

任主笔。该报主要刊登湖北、湖南等七省消息，信息由各地教会提供。1905 年附出同名中文版，因披露张之洞为修川粤铁路与洋人签借款条约一事被封，主笔张汉杰被判刑。1913 年—1918 年间，湖北和汉口地方当局严厉封锁中文新闻，外埠新闻大多转载于该报。1921 年夏，武昌南湖发生兵变被弹压，计约翰以路透社汉口特派员身份访问督军王占元，以向全世界发布兵变消息相要挟，迫使王出白银 25 万两封口。1923 年底，该报用这笔钱兴建该楼，路透社亦迁入办公。该报为英美在华中地区喉舌，1938 年 10 月武汉沦陷后成汉口唯一发行的英文报刊，登载英国路透社、德国海通社消息。1941 年 12 月太平洋战争爆发，日军查封报馆，没收全部财产。该建筑外墙素净，线脚简化，以复合式柱式立面构图。呈现古典复兴式建筑风格。

汉口英商电灯公司旧址

地址：（现）合作路22号，（原）俄租界界限街开泰街口

结构：砖混

规模：3层，建筑面积2980平方米

设计单位/人：景明洋行

施工单位/人：汉兴昌营造厂

建筑年份：1905年

保护等级：全国重点文物保护单位

汉口电灯公司旧影

湖北电力博物馆讲解员在介绍一盏英商汉口电灯公司时期的路灯（复制品）

1906 年，英国皮货商卜劳德集资 3 万英镑在界限路 8 号（今合作路 22 号）成立英商汉口电灯公司，兴建厂房、办公楼，向英、俄、法等国租界供电，并最早在汉口租界安设三盏路灯。1924 年，该公司发电总容量达 2825 千瓦，为全国最大直流发电厂。1941 年太平洋战争爆发，被日本华中水电株式会社接手业务，1945 年抗战胜利后由汉镇既济水电公司接管。1950 年 8 月、1953 年 12 月，合作路电厂（汉口电灯公司）为新中国成立初期武汉地区“直流改交流”电网改造工程打下基础。1955 年电厂停止发电，1956 年改为武汉冶电业局修试工厂。2014 年，公司大楼、电厂厂区旧址经过整修，辟为湖北省电力博物馆。大楼为三层混合结构，红瓦屋面，转角处设圆盔顶钟塔楼。底层假麻石粉面，小尺寸开窗，三层设出挑封闭式阳台。呈现文艺复兴式建筑风格。

汉口电灯公司大楼已改造成湖北省电力博物馆

五、领事馆建筑

英国驻汉口领事馆官邸

年建成的第一幢英国领事馆馆舍

1911 年建成的带牢房的小警察局

地址：（现）天津路 10 号，（原）英租界宝顺街
结构：砖木
规模：2 层，建筑面积 546 平方米
建筑年份：1921 年
保护等级：武汉市优秀历史建筑

1861 年 4 月，英国在汉口设领事馆，首任领事金执尔。1899 年升为总领事馆，辖湖北、湖南、江西、河南、陕西、甘肃、宁夏、青海等省。1941 年 12 月太平洋战争爆发后关闭。1945 年 12 月复馆。1951 年 4 月 30 日关闭。英国领事馆 1864 年由英商马歇尔建筑设计公司（Marshall）建成首栋楼房，由于地势较低，常遭长江洪水袭扰，后垫高地面，于 1883 年由原建筑公司在原址重建新楼，1911 年建成一栋带牢房的小警察局。1903 年增建领事馆辅助用房，1921 年再建副领事官邸（目前唯一留存楼房）。1941 年太平洋战争爆发后，日军拘捕英国驻汉口总领事达维森。1944 年 12 月 18 日美军飞机轰炸汉口，英国驻汉口领事馆建筑被严重损毁。50 年代起，英国驻汉口领事馆官邸旧址为武汉市政府参事室办公楼。原英国领事馆总共有楼房四栋，具东南亚殖民地建筑特征。

英国领事馆在门前广场主办纪念欧战（第一次世界大战）胜利活动

1927 年英国领事馆全貌。现存副领事官邸为右起第二幢

汉口美国领事馆旧址

地址：（现）车站路 1 号，（原）俄租界尼古拉大街邦克街口

结构：砖混

规模：3 层，建筑面积 2581.47 平方米

设计单位 / 人：景明洋行

施工单位 / 人：汉口广兴隆营造厂

建筑年份：1905 年

保护等级：湖北省文物保护单位

此建筑原为汉口俄国贵族巴诺夫（J.K.Panoff）宅邸。美国领事馆 1861 年 4 月开馆，领事司百龄（C.K.Stribling）。1877 年，美国领事馆位于原英租界。1903 年升为总领事馆。1905 年末至 1915 年前位于德租界江边（今沿江大道五福路口）。1915 年，美国

地处汉口德租界江边（今沿江大道五福路口）的美国领事馆（左侧白色楼房），右侧为意大利驻汉口领事馆

1911 年，美海军陆战队在今沿江大道五福路口的美国领事馆门前升旗

1915年，美国领事馆迁至汉口俄租界尼古拉大街（今沿江大道），建筑主楼上设有塔楼

1989年的美国领事馆旧址大楼，塔楼已消失，裙楼还未建（陈朝军　摄）

领事馆迁往汉口俄租界尼古拉大街（今沿江大道），1936年迁至亚细亚火油公司大楼，1937年美国驻华大使馆亦由南京迁至汉口，入驻亚细亚大楼。太平洋战争爆发后，美领馆闭馆，1945年抗战胜利后复馆，1949年5月再次关闭。该楼立面为清水红砖外墙，呈阶梯状层叠向上，设连续半圆拱券门、窗，每层间设显著腰线，外立面呈弧形，极具流动感。转角设四层城堡状八角塔。下层设三入口，正中大拱券门为主入口，门内为高内空大厅。整体呈现巴洛克风格。

俄国驻汉口领事馆

地址：（现）洞庭小路，（原）俄租界领事街

结构：砖混

规模：4 层，建筑面积 1464.38 平方米

建筑年份：1904 年

保护等级：武汉市优秀历史建筑

俄国领事馆旧貌

1861 年 7 月，俄国驻上海领事夏德尔兼驻汉口领事。在设领事馆前，俄国在汉口通商事务由美国领事代管。1869 年，俄国始在汉阳设领事馆，1891 年欲在汉阳设租界之事未成，领事书思齐（N.A.Schouisky）遂将领事馆迁至汉口。1896 年，汉口俄租界划定后在现址建新馆，初建九栋二层砖木结构馆舍。1903 年，为建新大楼，馆舍暂设今黎黄陂路与洞庭街交会处，1904 年回迁新楼。1917 年俄国爆发十月革命，俄领事馆关闭。1925 年苏联政府在汉口复馆，1927 年再次闭馆。1927 年桂系军阀据鄂时期，武汉卫戍司令胡宗铎、副司令陶钧曾以俄领馆区为官邸。1933 年苏联领事馆复馆，1947 年再次关闭。1949 年后，大楼由湖北省电影公司等单位使用。建筑平面呈“品”字形，主体退后，中部突出一个三跨门廊，两侧设坡道，正中为条石砌筑台阶。建筑所有门、窗均为半圆券拱，加框，以色彩突出质感。壁柱短粗，为拜占庭风格。建筑每层设腰线，配以连续半圆券拱窗。内部装饰华丽。

法国驻汉口领事馆

地址：（现）洞庭街81号，（原）法租界吕钦使街

结构：砖木

规模：2层，建筑面积1390.73平方米

建筑年份：1895年

保护等级：武汉市优秀历史建筑

1865 年在今洞庭街 81 号建造的法国领事馆馆舍

1895 年在今洞庭街 81 号重建的法国领事馆大楼

1862 年，法国在汉口设立领事馆，首任领事达伯理（Dabryde Thiersant）。1865 年在今洞庭街 81 号建馆舍，1891 年馆舍被大水冲毁，1895 年重建馆舍。1939 年 5 月，法国领事馆内设日本科，加强与日占领军联系。1943 年 2 月 23 日，法国维希政府宣布放弃在华租界，汉口日伪政权与法租界当局在工部局前进行所谓的“移交”。1945 年抗战胜利后，汉口法租界被中国政府正式收回。1950 年 12 月，法国领事馆关闭。法领馆在汉 88 年，中间未曾闭馆。该馆舍红瓦屋面，木质百叶窗，条形屋檐，麻石墙面。立面为弧券外廊，一层办公，二层为住宅，入口设 5 级台阶。室内设壁炉，屋顶筑烟囱，呈现古典主义建筑风格。

德国驻汉口领事馆

地址：（现）沿江大道188号，（原）德租界海因里希大街

结构：砖木

规模：2层，建筑面积1623.11平方米

设计单位/人：［德］韩贝礼

施工单位/人：费希纳卡普勒公司

建筑年份：1895年

保护等级：全国重点文物保护单位

1910年的德国领事馆

1920年左右的德国领事馆

1883年起，德国在汉口领事业务由英国领事代理。1888年，德国领事馆开馆。1917年中国与德国断交，收回租界，德领事馆关闭。1925年复馆，1945年抗战胜利后再次闭馆，后为国民政府汉口市政府所在地。1949年5月后由武汉市人民政府接管，为市政府办公楼。该楼周边为二层圆弧拱券廊，黄色拉毛外墙，红瓦坡屋面。大门正面为麻条石台阶，两边设坡道，可直驶汽车。屋顶塔楼四周开半圆形窗，用于室内采光。屋顶置德式花饰，内部木作精细，呈现维多利亚建筑风格。

瑞典驻汉口领事馆

地址：（现）沿江大道 163 号，（原）俄租界尼古拉大街

结构：砖混

规模：地上前、后 2 栋，其中前 1 栋 3 层，建筑面积 2017.13 平方米；后 1 栋 2 层，建筑面积 326.60 平方米

建筑年份：1937 年前

保护等级：武汉市优秀历史建筑

俄商李凡诺夫夫人的房产，全面抗战爆发前为瑞典驻汉口领事馆

1887 年，瑞典在汉领事业务由德国领事代理，后由俄国领事代理。1906 年，瑞典驻汉口领事馆正式开馆，1938 年闭馆。1948 年，瑞典领事馆迁武昌县华林 34 号瑞典教区，领事韩卫生（A.J.Hanson）。1949 年，瑞典行道会传教士夏定川（J.S.Strom）牧师任名誉领事，为武昌唯一外国领事馆。50 年代以后，该大楼相继为武汉化工建筑设计院办公楼和禅石咖啡、薇拉摄影商业门楼等。该楼原为俄商李凡诺夫夫人的房产，用柱式组织整体立面，部件严谨，开间具节奏变化，半圆形砖券拱门窗与半圆形砖雕壁柱配合，具和谐之美。呈现新古典主义建筑风格。

比利时驻汉口领事馆

地址：（现）蔡锷路 21 号，（原）法租界福煦大将军街

结构：钢混

保护等级：武汉市优秀历史建筑

武昌起义期间，湖北军政府大都督黎元洪率部下步出汉口比利时领事馆

比利时驻汉口领事馆于 1891 年开馆，1899 年升为总领事馆，是汉口八个总领事馆［英国、美国、俄国（苏联）、法国、日本、德国、意大利、比利时］之一，1941 年闭馆。《1917 年汉口外国租界街道平面图》标注，比利时驻汉口领事馆位于今蔡锷路 21 号。该楼为砖混结构，一楼设麻石台阶，花岗石勒脚，圆拱形门窗，方形门柱两旁设爱奥尼克柱（后被拆除），具有厚重西洋风。为古典复兴式建筑风格。

日本驻汉口领事馆

地址：（现）沿江大道 234 号，（原）日租界河街

结构：砖混

规模：4 层，建筑面积 3533.22 平方米

建筑年份：1943 年（重建）

保护等级：武汉市优秀历史建筑

汉口日本领事馆

1873年6月，日本驻上海领事品川忠道兼驻汉口领事。1885年12月，日本汉口领事馆开馆，町田实一任领事。1903年，日领馆从原法租界克勒满沙街（今车站路）迁至日租界河街山崎街口现址，1909年兴建馆舍。卢沟桥事变后，日领馆于8月11日关闭。1938年10月武汉失守前，中国军队炸毁日领馆大楼。武汉沦陷后，日重开领馆，馆址暂设汉口胜利街交通银行，1943年在现址重建馆舍，1945年抗战胜利后闭馆。该大楼中部高4层，并增设四方屋顶，两侧为3层，为日本辰野式建筑风格。原日领馆楼房，历经多次改造，原貌不存。

六、宾馆、娱乐建筑

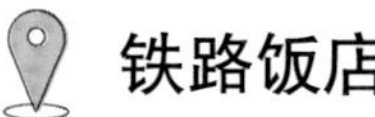

铁路饭店

地址：（现）车站路友益街口，（原）法租界玛领事街

结构：钢混

规模：4 层

设计单位 / 人：三义洋行

施工单位 / 人：汉兴昌营造厂

建筑年份：20 世纪 20 年代初

保护等级：武汉市优秀历史建筑

20 世纪初，法租界工部局在此开办法文学堂。1922 年，法文学堂迁走，此处改造为公德里，外有街面房 16 栋，内有石库门楼房 12 栋。街面房转角处曾开设铁路饭店。该建筑地上三层，顶楼后有加层。砖混结构，清水红砖墙面，外墙由挑出竖线与水平腰线分割墙面，造成阴影线脚。正门开在街道转角处，屋顶设塔楼。呈现代主义建筑风格。

俄国总会旧址

地址：（现）兰陵路 13—15 号，（原）俄租界列宾街

结构：砖混

规模：3 层，建筑面积 1105.26 平方米

建筑年份：约 1926 年

保护等级：武汉市优秀历史建筑

现俄国总会大楼西侧的老俄国总会大楼

俄租界列宾街北侧有巴公房子，南侧为老俄国总会（图片右下角），可见其院墙

俄国总会又称俄国俱乐部、波罗馆，为俄国侨民娱乐场所。当年在汉外国波罗馆里一般设有酒吧、餐厅、舞厅、棋牌室、弹子房（台球房）、滚木球房（保龄球房）、板球房、阅览室、理发室、浴池等，组建俱乐部需向租界工部局申请许可证。据 1926 年《汉口特区全图》标示，该地块为 22A 号，属俄国总会。又据汉口特区管理局《民国十四年（度）汉口特区市政报告》记载："22 甲业主为俄国俱乐部，土地面积 163.735（方），估价 31109.65（两）；房产面积 2887.10（方），估价 2742.75（两）。"旧址上的大楼为混合结构建筑，左右对称布局，入口上方设外挑阳台，墙面由壁柱纵向分割，壁柱上设纵向装饰线条。

市政府礼堂

地址：（现）沿江大道 187 号，（原）德租界海因里希亲王大街

结构：砖混

规模：3 层，建筑面积 4100 平方米

建筑年份：1954 年

保护等级：武汉市优秀历史建筑

今武汉市政府礼堂原为维多利电影花园旧址，1917 年由俄商开设，以放映美国派拉蒙、米高梅、华纳、环球、哥伦比亚、福特、亚细亚等公司出品的影片为主。1924 年，意大利人鲍德接手，改称维多利影戏院。1946 年，湖北青年剧社在此演出《桃花扇》

American Sailors at the Intersection of the Chinese and French Territories at Hankow

原图解“1926年秋美国水兵设路障把守在汉口华界与法租界之间”。工事后面大门门柱上写有“维多利”字样，墙上挂着电影海报，应为意大利人鲍德经营维多利影戏院时期所摄

20世纪70年代的武汉市人民政府礼堂

《金玉满堂》《结婚进行曲》等剧目，因此亦称“青年剧场”。后剧院停办，改为堆栈。新中国成立后由武汉市人民政府接管，1954年拆除原有平房两栋，新建市政府礼堂。1982年扩建两侧耳房，1999年改造为市政府会议中心。建筑左右对称布局，两边设晒台，汉白玉栏杆，重檐歇山顶，飞椽、斗拱，四坡水茶色琉璃瓦。主入口四柱牌楼式双层门斗。属中国传统风格与现代风格混合的建筑物。

上海大戏院

地址：（现）洞庭街 74 号，（原）两仪街

结构：钢混

规模：2 层，建筑面积 387.48 平方米

设计时间：1928 年

设计单位 / 人：卢镛标建筑师事务所
施工单位 / 人：明巽建筑公司
建筑年份：1930 年
建筑物现使用人：白玉兰酒店
保护等级：暂未确定

1931 年的上海大戏院（图左侧）

上海大戏院由浙江旅汉商人陈松龄出资 8 万元于 1928 年动工兴建，1930 年 2 月正式开业。其招牌“上海大戏院”由书法家石榴园所书。该戏院员工约 35 人，营业时间由下午 1 时至夜晚 11 时。该院初放映由中央大戏院鲍特供给的三四轮影片，经营不佳。1932 年与美国福克斯、派拉蒙等影片公司直接签合同，放映有声片，营业状况迅速改观。此后租得美国西电公司放映机，刻意组织片源，并用重金招聘翻译，配有中文字幕，成为汉口电影业佼佼者。全面抗战开始后，有国共两党首脑人物参加的国民参

1931 年武汉大水时，上海大戏院门前被淹

国民参政会第一届第一次会议代表在上海大戏院门前合影

政会第一届第一次会议在此召开。武汉沦陷前，全部机器设备撤往重庆，影院被伪政府征用。1945 年由第六战区司令长官部接管。1945 年 8 月，由李青山出面恢复营业。1946 年，陈松龄长子陈汉璋以高价接过影院，同年上映美国好莱坞彩色影片《出水芙蓉》，轰动三镇，优秀国产片《街头巷尾》也大放光彩。新中国成立初期业务兴盛，曾名延安电影院。1952 年交给人民政府，改名中原电影院。上海大戏院为两层混合结构，采用 18 米跨钢屋架，水磨石楼梯，大理石墙裙，全楼上下设座 948 席，全为皮沙发。

明星大戏院

地址：（现）中山大道蔡锷路口，（原）法租界福煦街
结构：钢混
规模：建筑面积 500 平方米
建筑年份：1919 年—1931 年
保护等级：暂未确定

建于 1920 年，时名康生花园，由法商立兴洋行租给意大利人鲍特，后转租给华商郑孝坤。郑于 1930 年将其改建成电影院，放映设备和座椅均为上乘，更名为明星大戏院。30 年代专映国产影片。《四郎探母》《斩经堂》《周瑜归天》《红羊豪侠传》在此首映。由顾兰君与金山主演的古装片《貂蝉》、胡蝶主演的《满江红》、“模范美人”叶秋心与郑小秋合演的影片《吉他》等在此上映时均轰动一时。汉口沦陷时期放映过《木兰从军》《千里送京娘》《薄命佳人》等片。该地地形呈三角形，建筑为砖墙平房，木屋架。1936 年又进行改建，增设楼座，总共 1070 个座位。1949 年 5 月后改名为武汉电影院。

1931 年武汉大水时的明星大戏院

中央大戏院

地址：（现）胜利街蔡锷路口，（原）法租界福煦街

结构：钢混

规模：建筑面积 700 平方米

建筑年份：1918 年

保护等级：暂未确定

中央大戏院是汉口第一家正式电影院，其前身是 1918 年西班牙人拉木斯创办的九重电影院。因营业不佳，一度易名威廉大戏院和皇后大戏院，仍因蚀本于 1930 年 2 月 13 日以白银 42000 两的价格让予意大利人鲍特经营。鲍特将其改名为中央大戏院，改

1918年中央大戏院建成之初

1931年武汉大水时中央大戏院大门被淹

1938年武汉沦陷后的中央大戏院门前，道路上大批居民从长江边挑水进租界

用有声放映机，专门放映外国影片，兼营发行。该院以放映二轮外国名片为主。《小安琪》《小鸟依人》《侠盗罗宾汉》《牡丹花下》《拿破仑秘史》《血雨腥风》及《璇宫艳史》等均在此上映。1941年太平洋战争爆发后，日军禁止放映美国影片，遂专门放映国产片，曾有《芳华虚度》《千金怨》等片上映。新中国成立后曾名解放军大戏院，后改名为解放电影院。60年代曾放映立体电影《魔术师奇遇》，风靡全市。该建筑两层混合结构，设726个皮沙发座位，楼座两旁有包厢，室内设避音线及冷暖设备。

七、工业建筑

汉口水塔

地址：中山大道前进五路口
结构：砖混
规模：地上 7 层，占地面积 556 平方米
设计时间：1907 年
设计单位 / 人：［英］穆尔
施工单位 / 人：广荣幸营造厂
建筑年份：1909 年
保护等级：全国重点文物保护单位

民国时期从中山大道看汉口水塔

新中国成立初期的水塔

汉口水塔由汉口商办汉镇既济水电股份有限公司建造，为既济水厂供水的配套设施。水塔内设粗水管 3 根，2 根上水，1 根下水，通过机器吸水至塔顶，其供水范围覆盖今江汉路以南、硚口以北约 4.3 平方公里，日供水量 22730 吨。该塔 2 层设水表，可看全市用水量，5 层为水柜底，6 层为水柜，为圆桶形，可装水 30 万加仑。7 层为警钟，如遇火警，日挂红旗，夜则悬红灯，先乱钟 30 响，再以响声数告知起火地点。汉口水塔至 20 世纪 80 年代初才停止供水，现已成为汉口城区重要历史景点。其 1 层外墙为花岗石垒砌，2 层以上为清水红砖墙。塔内设木梯 200 级，可盘旋而上。

俄商新泰茶厂水塔

地址：（现）兰陵路 5 号（市纺织局宿舍区内），（原）俄租界列宾街

结构：砖木

规模：3 层，建筑面积 176.61 平方米

建筑年份：约 1905 年

保护等级：湖北省文物保护单位

在这张清末新泰茶厂的照片中，水塔赫然在目

1876年，俄商新泰洋行将蒲圻羊楼洞砖茶厂迁到武汉英租界下首，改用蒸汽机、水压机制作砖茶，一直生产至1937年。武汉沦陷后，该厂为日军所占据，日军将机器设备偷运化铁。水塔外墙为红砂条石立柱，青、红砖拱券门窗，各层楼面以条石、红砖线条装饰，外墙有纵三横四拉杆，以铁块固定。建筑呈长方形，设计精巧牢固，风格独特少见。

平和打包厂旧址

地址：（现）青岛路 10—12 号，（原）英租界华昌街

结构：砖混与钢筋混凝土

规模：4 层，建筑高度 20.30 米，总占地面积 8182 平方米，建筑面积 32808 平方米

设计单位 / 人：景明洋行

施工单位 / 人：上海协盛营造厂

建筑年份：1905 年

保护修缮再利用设计单位 / 人：中信建筑设计研究总院

保护等级：武汉市文物保护单位

民国时期的平和打包厂

平和打包厂为英商平和洋行的棉花打包厂，始建于 1905 年，承接棉花、牛羊皮、苎麻等打包和桐油、生漆等进出口业务。1953 年 12 月由武汉市国营商业仓储公司接管，编为市仓储公司第三打包厂，1960 年改为青岛路仓库使用。2009 年 7 月纳入青岛路历史街区保护与更新项目，由武汉市江岸国有资产经营管理有限责任公司进行腾退。2011 年 11 月由武汉市政府公布为武汉市文物保护单位。2016 年，武汉市批准江岸区“汉口文创谷”为武汉市第三批“创谷计划”项目，平和打包厂修缮改造项目作为“汉口文创谷”示范项目启动建设。2017 年 3 月由中信建筑设计研究总院有限公司承担设计，江岸国资公司组织进行文物保护修缮，2018 年 6 月修缮完成并投入使用。2019 年，平和打包厂保护修缮与再利用项目获得联合国教科文组织亚太地区 2019 年度文化遗产保护荣誉奖，并成为第四届武汉设计双年展开幕主场馆。该处已成为文化、艺术、设计、科技、网红孵化、新媒体内容生产、网络平台的内容产业和高端人才的聚集地。该建筑群 1905 年始建，后于 1918 年、1933 年、1949 年相继进行加建，形成七栋风格各异的工业建筑，各单体之间通过连廊、外挂楼梯等连为一体。外墙立面由大面积清水红砖与搓沙灰、癞子灰等材料组成，建筑内部留存早期英国喷淋系统、吊滑门、混凝土阶梯、立柱、铸铁栏杆扶手、运货滑道等，其建筑整体共同体现出汉口早期工业厂房西风东渐的文化特色。

修缮后的厂院

修缮后的中庭内景

修缮后的平和打包厂旧址临洞庭街及青岛路交叉处大门

汉口英商和利汽水厂旧址

地址：（现）岳飞街 44 号，（原）法租界霞飞街

结构：砖木

规模：2 层，建筑面积 1088.17 平方米

施工单位 / 人：陈茂盛营造厂

建筑年份：1918 年

保护等级：湖北省文物保护单位

本文主图楼房上“湖北省文物保护单位”铭牌上标明该建筑为“和利冰厂”，实际上该楼为和利汽水厂旧址。1904 年，中国轮船招商局安平轮水手、英国人沃特·休斯·科赛恩（Walter Hughes Corsane，旧译柯三）在汉口法租界霞飞将军街（今岳飞街 24—26 号）创办和利冰厂。1917 年，他又在距冰厂 100 多米远的今岳飞街 44 号创办和利汽水厂（本文主图建筑）。科赛恩创办两厂，厂名取“和利生财”之意，合伙人先后有安德森、克鲁奇。1938 年 10 月武汉沦陷前夕，科赛恩将和利汽水厂转卖给汉口华商刘耀堂，后停产。抗战胜利后，刘耀堂及儿子刘楚才从重庆返汉，和利汽水厂得以重新开业，创下年产和利牌汽水 6 万打的最好成绩。1952 年 3 月，该厂转为公私合营，至 20 世纪 70 年代改为国营武汉饮料二厂，2000 年左右停产。该建筑集中西建筑风格于一身，屋檐及床柱均衡分布条形格子状浮雕，立面简洁典雅，整体建筑极具厚重感。

和利汽水厂经营时期的老照片，图中洋房为今天的岳飞街 44 号，大门前“和利汽水厂”厂牌清晰可见

20 世纪 20 年代，和利汽冰厂合伙人克鲁奇的大儿子走在今中山大道岳飞街 44 号和利汽水厂门前

沃特·休斯·科赛恩在和利汽水厂开业时在厂门前的留影，照片下方有手写英文“1917 年 3 月 19 日”字样

英国老沙逊洋行仓库

地址：（现）洞庭街 32 号，（原）英租界洞庭街

结构：砖混

规模：3 层（后加一层），建筑面积 6100 平方米

建筑年份：1918 年

保护等级：武汉市优秀历史建筑

左一建筑为老沙逊洋行、华昌洋行等建在汉口江滩的三层公事房，现已不存。左二为英租界河街花旗银行大楼

老沙逊洋行由1832年居住在巴格达的英籍犹太人大卫·沙逊于印度孟买创办，后来其长子阿拉伯特·沙逊继承父业，次子伊利亚斯·沙逊自立门户，于1872年在孟买开设新沙逊洋行。老沙逊洋行先于广州经商，在华销售英国纺织品和印度鸦片而成巨富，1845年入驻上海，1861年汉口开埠后入汉口经营。1917年的地图显示，华昌洋行（CODDES & CO.）与老沙逊洋行、蓝烟囱轮船公司、霍尔特公司等共用同一大楼。该楼为清水红砖墙，局部水泥砂浆勒脚。临街立面采用壁柱与窗户分割墙面，左右两边窗框花式颇具特色，檐口线条简洁明快。

英美烟草公司

地址：（现）鄱阳街合作路口，（原）英租界鄱阳街界限街口
结构：砖混
规模：3 层，建筑面积 837.77 平方米
建筑年份：1911 年
保护等级：武汉市优秀历史建筑

1902 年 9 月 29 日，英国帝国烟草公司与美国烟草公司合资成立英美烟草公司（British-Anerican Tobaccoco），总部设伦敦。绍兴人陆朝荣、顾许清的汉口三江烟公司和武昌德馨公司是其最早代理商。周苍柏、洋行买办涂堃山曾组建义记公司承包武汉及湖北部分其他地区业务，销售的卷烟有“品海”“老刀”“孔雀”等品牌。1906 年在汉口德租界夏洛特街（今六合路）建烟厂，1911 年在汉口鄱阳街设分公司，自建三层大楼。1934 年改名颐中烟草运输有限公司。1938 年武汉沦陷后，日军将颐中烟草交日商丸三株式会社代管经营。1945 年抗战胜利后恢复，1952 年结束在汉业务。建筑立面为清水砖墙，横向水泥砂浆线条装饰，屋面红瓦坡顶，檐口外挑尺寸较大。下方设花式精美牛腿支撑，右侧二、三层设外廊。

 日本日清公司仓库

地址：（现）沿江大道155—156号，（原）俄租界尼古拉大街
结构：砖混
规模：4层（原2层），建筑面积11441.6平方米
建筑年份：1907年—1913年间
保护等级：暂未确定

1926 年左右的日清公司仓库（右）

1907 年，日本为与英国太古洋行、怡和洋行及中国轮船招商局竞争长江航运业务，将大阪商船会社、邮船株式会社等合并成立日清汽船株式会社（日清轮船公司）。“一战”结束后，日清轮船公司的船舶吨位、航线规模超过怡和、太古等老牌英资企业，航运业务形成江海联运线。1939 年，多家日本运输公司合组成为东亚海运公司。50 年代起，日清公司仓库成为湖北省粮油、服装批发仓库、制衣厂和职工宿舍。该建筑通过窗间墙和壁柱作竖向划分，设大玻璃窗，檐口处设精致装饰线脚，立面简洁。

八、宗教建筑

古德寺

地址：江岸区黄浦大街工农兵路 74 号

结构：钢混

规模：1 层，高 16 米，占地面积 1120 平方米

建筑年份：1921 年—1934 年
保护等级：全国重点文物保护单位

古德寺始由隆希和尚建于1877年，原名古德茅蓬。“古德”二字源自“心性好古，普度以德”的修持仪轨。1905年扩建，1914年龙波和尚将其改为丛林，取名“古德禅寺”，并为首任方丈。1916年建天王殿、客堂、斋堂、寮房、方丈、禅堂、觉幻社，1921年建大雄宝殿、观音堂、云水堂，历时13年方成，为武汉地区四大丛林之一。该寺坐东向西，山门上原有黎元洪题写的“古德禅寺”匾额。大雄宝殿（圆通宝殿）为钢筋混凝土结构，殿基占地5000平方米。殿内正中供奉释迦牟尼、药师、弥勒三尊佛像，像后为西方三圣，左右为二十五圆通及文殊、普贤菩萨像。辛亥革命阳夏战争时，该寺僧众曾救护伤员、掩葬烈士遗体。1931年武汉发大水，该寺曾捐出古树抗洪，寺内至今无百年老树。1966年该寺关闭，改为武汉照相机厂生产车间。1986年恢复寺庙性质。1997年，原清济寺演顺法师带领40余比丘尼入住古德寺。

与传统寺院建筑风格迥异的古德寺

早期古德寺

圆通宝殿呈正方形，门廊呈三角形，分两层朝后递收向上，烘托顶部中心的高耸山花，以古典主义罗马建筑风格手法强化宝殿正立面的宗教神秘感。贝叶形拼饰的火焰券门楣，是南传上座部佛寺的典型特征。大殿为全外廊式，立面为爱奥尼柱式加哥特式拱券，拱券上方一大二小圆形窗花，屋檐装饰体现了东西建筑风格的完美结合。殿顶有九座高低错落的佛塔（象征五佛教四菩萨），佛塔为西式攒尖顶，尖顶为十字形，横向为禅杖。殿顶四周 96 个莲花墩源自中国传统的望柱，寓意国之四维，天圆地方，每隔四个莲花墩上设一尊天神，共 24 位，又称 24 诸天。圆通宝殿建筑风格起源于 2500 年前印度摩羯佗国的阿难佗寺，唐朝玄奘西行求法时曾在该寺学习佛法。该建筑风格后由印度传入缅甸，又由缅甸传入中国，为汉传佛教唯一、世界仅存的两座阿难佗寺风格佛教建筑之一。

东正教堂

地址：（现）鄱阳街 48 号，（原）英租界鄱阳街

结构：砖石

规模：地上 1 层（地下有地宫），建筑面积 212.32 平方米

建筑年份：1893 年

保护等级：湖北省文物保护单位

1876年5月2日，俄国茶商因宗教需求，由彼德·波特金从俄国运来建材建"行堂"（临时性教堂）。1885 年，俄驻汉副领事伊望诺夫出资改建为砖木结构教堂，竣工后北京俄国东正教总会派修士大司祭尼可莱伊 · 阿多拉兹契来汉做开堂仪式，定名"阿列克桑德聂夫堂"。1891 年，俄商新泰茶厂 25 周年厂庆，俄皇太子尼古拉（俄末代皇帝尼

1935 年的阿列克桑德聂夫东正教堂

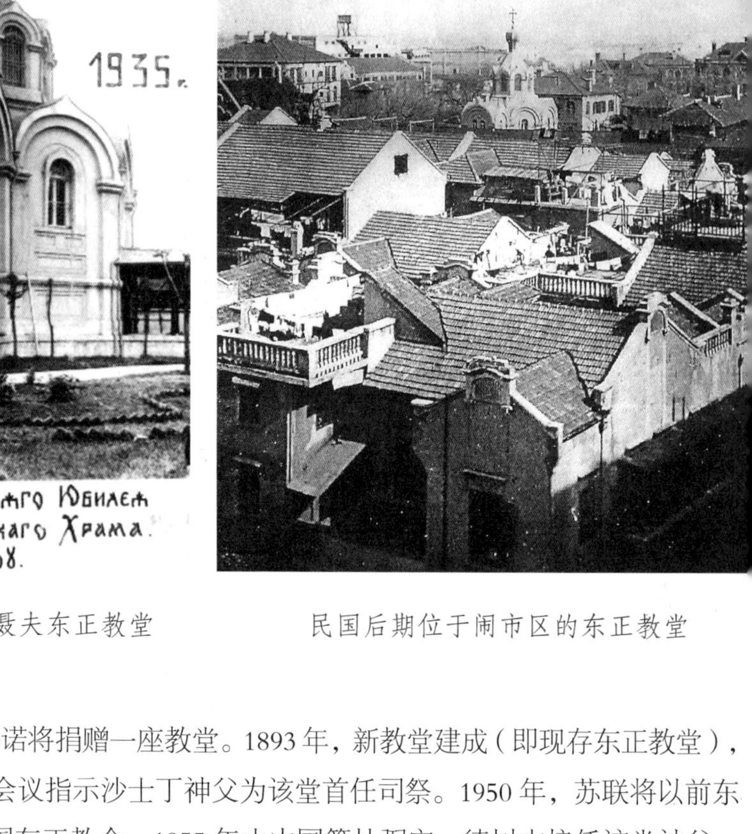

民国后期位于闹市区的东正教堂

古拉二世）亲临出席，许诺将捐赠一座教堂。1893 年，新教堂建成（即现存东正教堂），1896 年由俄东正教教务会议指示沙士丁神父为该堂首任司祭。1950 年，苏联将以前东正教在华不动产转交中国东正教会，1955 年由中国籍杜弼宁、德树志接任该堂神父。1958 年，德树志神父申请东正教徒参加基督教联合礼拜，结束该教在汉历史。2013 年，根据中俄长江中上游地区与伏尔加河沿岸联邦地方领导座谈会精神和湖北省政府要求，武汉市政府拨款 360 余万元对教堂进行修缮。2014 年 10 月，江岸区国资公司完成修缮工程。2015 年 8 月 6 日，俄罗斯总统驻伏尔加河沿岸联邦区全权代表巴比奇（副总理级）一行来汉，参加在汉口东正教堂旧址举行的修复竣工仪式暨武汉中俄文化交流馆揭牌仪式。2016 年 9 月 8 日，俄罗斯联邦委员会（议会上院）主席瓦莲金娜·马特维延科一行参观了东正教堂旧址，并现场观摩了《中俄万里茶道与东方茶港文化》图片展。该堂为集中式形制，运用拜占庭穹顶和拱券技术，底层墙面由多向透视拱券组成，外块采用壁柱、拱券和雕刻精细的线脚作装饰。上层平面呈六边形，接六坡攒尖屋顶，绿色铁皮屋面，上有宝顶，外轮廓富有变化。属典型的俄罗斯风格教堂建筑。

圣母无原罪堂旧址

地址：（现）车站路 25 号，（原）法租界河内街

结构：砖木

规模：2 层，建筑面积 380 平方米

建筑年份：1911 年

保护等级：武汉市优秀历史建筑

2014 年修缮时的教堂

1910 年，湖北教区田瑞玉主教委派法籍教士丁寿建堂，1911 年建成，供奉无染原罪圣母为主保，并以此为堂名。因其专供法国侨民和法国船舰水手、海军陆战队员使用，亦称“贵族堂”。1924 年—1925 年，华中地区天主教汉口教区在其右侧修建账房（经理处）。武汉沦陷时期法租界成为“孤岛”，此处曾接纳少量富裕华人。2010 年后由武汉民用建筑研究院修缮，原锌皮屋面改换青色机制瓦。2014 年 12 月 8 日，法国堂修缮完工，举行开堂仪式。教堂占地 300 余平方米，平面呈十字形，立面用尖卷门窗，设三角棱小尖塔、华盖，内部蓝色天花饰白色满天星，属哥特式建筑风格。

汉口美国海军青年会旧址

地址：（现）黎黄陂路10号，（原）俄租界铁路街

结构：砖木

规模：4层，地下1层，建筑面积1547平方米

设计单位/人：景明洋行

施工单位/人：康生记营造厂

建筑年份：1915年

保护等级：湖北省文物保护单位

主入口处用双爱奥尼克柱强化，上下二层外廊布置的建筑细部

1915 年初建时的楼房正面

汉口美国海军基督教青年会是美国海军基督教青年会海外分支机构，是以宗教活动联系青年职工的团体，借以传播美国生活方式，其服务对象为美国舰船上的军人、海员以及侨民。1950 年，该楼曾为武汉市人民武装部办公楼，现为武汉基督教青年会。建筑设地下室和屋顶暗层，正立面纵向三段划分，中部设主入口，通过十数级台阶直上二楼。主入口处用双爱奥尼克柱强化，上下二层设外廊，两侧对称布置，外墙灰砂砖砌筑，红瓦坡屋面借用法国方穹窿设计。属巴洛克式风格建筑。

圣教书局

地址：（现）鄱阳街 49 号，（原）英租界鄱阳街华昌街口

结构：砖木

规模：3 层，建筑面积 2759.02 平方米

建筑年份：1911 年

保护等级：武汉市优秀历史建筑

1924 年的圣教书局（右）

1861 年，英国基督教新教伦敦会进入汉口，传教士杨格非与英国基督教循道会牧师郭修礼捐资成立圣经会，专事宗教印刷品印刷，传播神学。1876 年，圣经会分为圣教书局和书会，前者管印刷业务，后者管出版发行，英文名 Religions Tract Society，简称为 RTS。圣经会初设于花楼街仁济医院，1892 年 1 月遇火灾，迁至今鄱阳街青岛路转角处。1907 年又遇大火，后在废墟对面今址购地建楼，1911 年落成。1938 年 10 月武汉沦陷后被日军接管，改名华中印书馆，出版汉奸报纸《华中报》。抗战胜利后教会收回书局。该建筑属欧洲新古典主义风格，其间掺杂法国文艺复兴、巴洛克、洛可可等风格。对称布局，主入口设底层正中，立面三段式构图，门斗设精美花饰线条。

圣若瑟天主堂

地址：（现）上海路16号，（原）英租界怡和街

结构：砖木

规模：1层，建筑面积1186平方米

施工单位/人：孙裕泰建筑厂

建筑年份：1875年始建，1876年建成

保护等级：湖北省文物保护单位

天主堂

建成时的圣若瑟教堂

1862年，担任湖北代牧区主教的意大利方济各会明位笃由应城来到武昌，新修主教公署和大修院。1866年购得现址地皮，1874年委托意大利传教士余作宾修建天主教（罗马公教）鄂东代牧区经理处（今教堂院内主教公署）。1875年始建教堂，次年建成，取名圣若瑟堂。1899年加修左右侧殿，可容4000人，为武汉教堂之最。1923年，罗马教廷将鄂东代牧区划分为汉口代牧区和武昌、汉阳、蒲圻三个监牧区。汉口代牧区管理汉口、黄陂等11个县教务，主教府设圣若瑟堂，首任主教是意籍方济各会会士田瑞玉，其后为索尚贤、希贤。1944年底美军空袭武汉，教堂中梁及后侧钟楼被毁，希贤主教被炸身亡。

老汉口圣若瑟教堂俯瞰

1946 年，汉口代牧区晋升为汉口总主教区，总主教罗锦章。1947 年，教友筹资修复部分损毁之处。1952 年 9 月，罗锦章因违反中国政府法令被驱逐出境，由中国神职人员刘和德、杨少怀、董光清任代主教。1958 年，董被选为汉口总主教区主教。1966 年教堂始被占用，1979 年底复原，1980 年 4 月恢复宗教活动。2013 年，武汉市政府对教堂进行维护修缮。该堂以罗马耶稣会教堂为蓝本，采用拉丁十字马西利卡式长方形大厅，纵面柱子分隔几个长条空间，中央设大厅堂。后部为圆拱，正殿后左右两侧圆形塔式钟楼。属巴洛克风格建筑。

望德堂

地址：（现）黄兴路 1 号，（原）法租界德托美领事街巴黎街口

结构：砖木

规模：2 层（局部 3 层），建筑面积 1388.36 平方米

建筑年份：20 世纪 20—30 年代

保护等级：武汉市优秀历史建筑

望德堂原为西班牙天主教会所有，后转属湖南天主教。二楼有教士们使用的小教室，设经营房地产等事务的办事处，经办租界“挂旗”业务，收取“挂旗费”和经租佣金。该楼由于年久失修，损坏严重，被鉴定为 D 级危房，2006 年 2 月发生火灾，受损尤烈。

望德堂内部结构

江岸区政府采取救助方式腾退安置 12 户居民后，赴长沙与湖南天主教会协商收购房屋事宜。2015 年，由区政府出资修缮。建筑主入口圆拱券门斗强化，檐口、山墙为传统民居形制，扶壁柱缀花饰，墙面饰面多变。平面以入口中庭为中心，呈放射状布局。二层礼拜堂为精华部分，内部设拱券、爱奥尼柱、跨世纪尖券窗及精美花饰。

西本愿寺出张所

地址：（现）一元路6号，（原）德租界奥古斯塔街

结构：砖木

规模：2栋2层，前栋建筑面积1000.32平方米，后栋建筑面积279.54平方米

建筑年份：1906年

保护等级：武汉市优秀历史建筑

此楼为美国圣公会房产，早期日本人租办日语、中文学校。1906年10月8日，日本西本愿寺派护城慧猛（主任）等来汉，在法租界河街租房传教。1907年，西本愿寺出张所（办事处、日本国外传教机构）迁德租界胶州路华景街一侧（今二曜小路靠中山大道一侧），与20多家日本商社形成日本人居住区，并开办学校。1938年10月，

汉口山崎街 2 号的日本西本愿寺

一元路 6 号在坤厚里的出入口

日租界西本愿寺被中国军队炸毁。1938 年 12 月，该寺随日军回汉，设于四民街 45 号（唐生智公馆）。1939 年 5 月，该处被伪武汉特别市政府征用，西本愿寺出张所迁现址。该寺除超度侵华日军亡灵外，还为日本侨民和日军在华阵亡军人设立中支忠灵显彰会残灰奉安所（骨灰存放处）。1943 年，该寺迁汉口湖南路 31 号（今胜利街武汉海事局处），1945 年抗战胜利后终结。50 年代一元路 6 号曾设武汉市公安局八处，60 年代曾为武汉市政府办公点，70 年代成为民居。

建筑外立面清水红、青砖混搭墙，细部砖砌线条及拼花。通透式主入口，半圆形拱窗，两侧房间对称布局，屋顶山花精雕细琢。呈现古典主义建筑风格。

信义公所

地址：（现）洞庭街 77 号，（原）俄租界鄂哈街
结构：钢混
规模：6 层，建筑面积 5796.16 平方米
设计时间：1923 年
设计单位 / 人：德商石格司建筑事务所
施工单位 / 人：汉协盛营造厂
建筑年份：1923 年—1924 年
保护等级：武汉市优秀历史建筑

信义公所原貌，顶楼造型带有宗教色彩

信义公所的铭牌

信义公所原名信义差会公寓和经理处，亦称汉口信义中心。最初由豫鄂传教士魏国伟主持，联合豫鄂、湘西、陕南、北行道会、南行道会（瑞典行道会）等 8 个信义差会组成，设董事会管理，湖北定道会传教士韩卫道牧师为常任经理。公所为传教士或差会提供贸易事务，银行事务，传教士、外侨、外商寄寓等服务。宋美龄等人路过武汉时曾寓居于此。武汉沦陷后被日本特务部占领，抗战胜利后收回。1951 年元月，信义会响应中国基督教三自爱国运动委员会号召，改组为中国基督教信义会，信义公所归其管理。信义书局曾在一楼经营英美出版的宗教、文艺书刊，如美国《生活杂志》《读者文摘》等，还代办武汉大专院校外文教学用书，经理为传教士慕天恩，1949 年 8 月 15 日书局停业。50 年代后，该大楼由武汉市物资局使用至 90 年代。后由武汉市基督教三自爱国运动委员会自用。大楼为现代古典式建筑风格。1970 年曾发生火灾，修整后立面被改变。

印度教会堂

地址：（现）天津路 38 号，（原）英租界天津街

结构：砖木

规模：2 层

施工单位 / 人：杨汉昌营造厂

保护等级：暂未确定

位于汉口英租界天津街（今天津路38号）的印度教会堂，远端穹顶建筑为英国小学

印度教会堂于1902年前后兴建，上方建印度塔风格穹顶。当年英租界巡捕房常配30多名印度锡克族巡捕，英商洋行和厂家亦聘用印度门警，多时总计100余人。租界内还有印度公司、兴隆洋行两家印度商行，兴隆洋行在附近楚善里经营百货多年，逐渐形成印度人聚落。1943年4月，伪汉口特别市政府公布“市政府成立四周年（1942）市情调查”，其中记载有印度侨民自治会，会长为南地星。印度锡克族人曾在汉口教堂多次举行上师生日庆典、辩经及讨论活动。该堂地上两层，砖木结构，主转角部位为中心入口，上部设有类似印度塔的穹顶，主体高于两侧配楼，显示出伊斯兰建筑基本特征。该建筑至今外立面改动较大，内部结构基本保留，二楼外立面还留有原建筑廊柱等基础部分。

九、其他建筑

日本海军陆战队兵营

地址：（现）张自忠路 2 号，（原）日租界河街成忠街口

结构：砖木

规模：3 层，建筑面积 1766.76 平方米

建筑年份：20 世纪 20 年代

保护等级：武汉市优秀历史建筑

辛亥革命武昌起义爆发后，1911 年 10 月 12 日，驻沪日本海军陆战队司令川岛令次郎率 500 多名士兵乘“对马”号军舰抵汉，1912 年 1 月 1 日又以换防为由，派 700

日本海军陆战队兵营楼顶瞭望台（2021 年摄）

名陆军士兵到汉，此时驻汉日军已达 1000 余人。他们借口日租界内无合适营房可住，私自在日租界界外建筑可容纳 1.3 万人的军营，开创了外国军队在汉长期驻扎的先河。1937 年全面抗战爆发后，在汉日军全部撤走。1938 年 10 月武汉沦陷时，日本海军陆战队首先从该兵营码头登陆，恢复该兵营。1944 年美军大空袭，日海军陆战队营房被焚烧，房顶坍塌，仅剩钢筋水泥的空壳和瞭望台。该兵营主建筑为清水砖外墙，水泥砂浆饰面，木质门窗。顶部设瞭望塔，用以观察监视江面情况。

1930年日本海军陆战队汉口派遣队在营区内合影

1930年的日本海军陆战队兵营

法国兵营办公楼

地址：（现）岳飞街 1 号，（原）法租界霞飞街
结构：砖混
规模：2 层
建筑年份：1937 年前
保护等级：武汉市优秀历史建筑

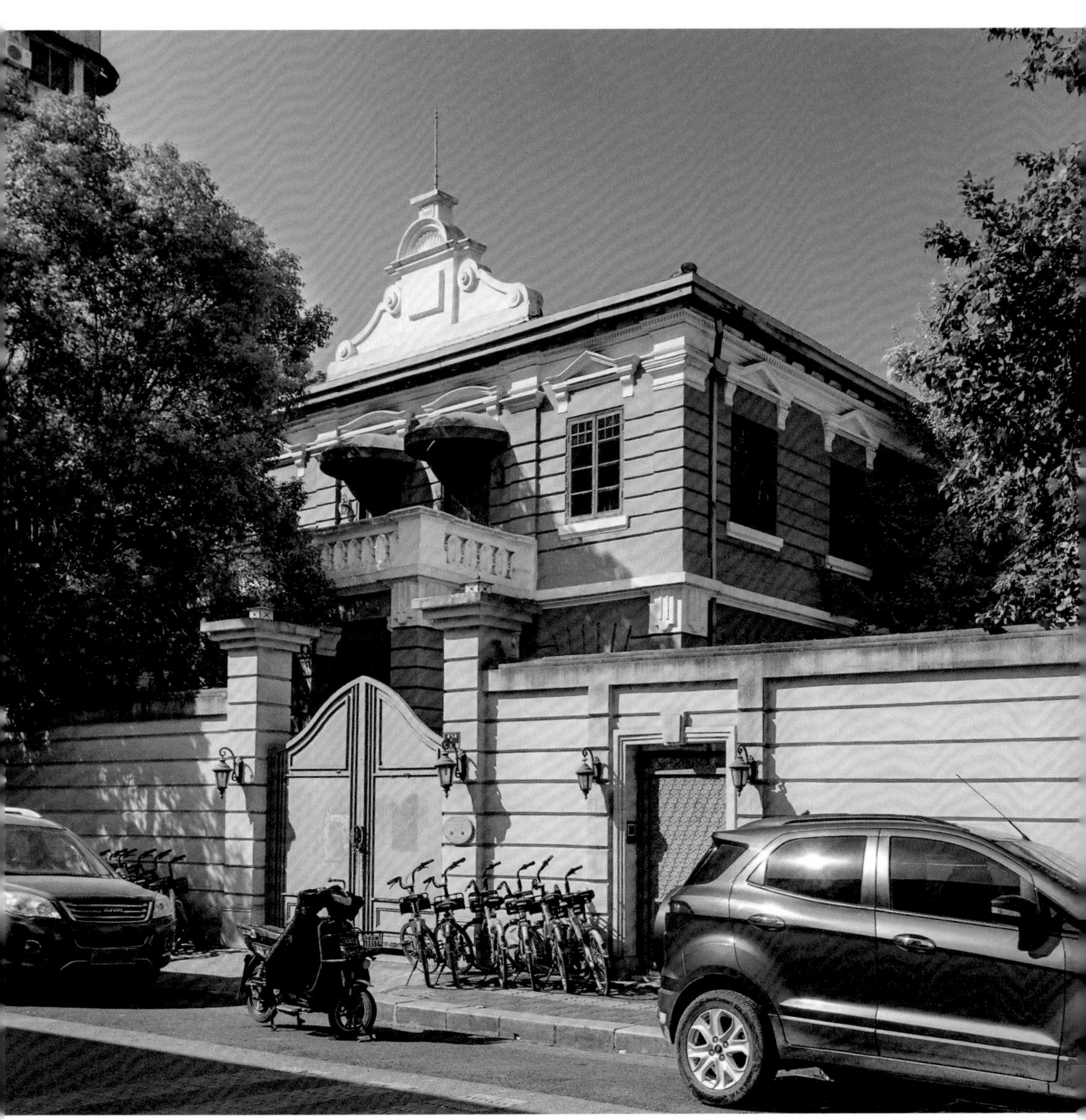

法军士兵在法国兵营内操练，背景建筑为霞飞街对面的法国兵营办公楼

岳飞街 1 号为法租界法国兵营办公楼。其斜对面即法国兵营，后为法汉小(中)学。法军受领事指挥，营、连、排、班长均为法国人，兵是安南(越南)人。法国兵营有坦克二辆，经常在租界演习，司机是法国人，洗车工是安南人。1911 年辛亥革命爆发后，法国海军陆战队在法租界内戒严。1914 年 8 月，法军奉命回国参战。战后陆续返汉，仍驻法国兵营。30 年代，三四艘法军军舰常驻汉口。

后　记

编辑《汉口近代建筑图志》，笔者如同在建筑万国博览会穿梭巡礼，自觉赏心悦目。这些西方风格建筑和杰出的华洋合璧建筑，共同构建了盛开在江城长江左岸的建筑百花园，形成了武汉市乃至全国的宝贵建筑文化遗产。

1949 年 5 月后，这些近代建筑很多都受到较为细心的呵护，在岁月的流逝中大多超期贡献了自己的青春年华。

20 世纪 90 年代，房地产开发空前繁荣，有一些近代建筑被拆除。好在江岸区有关方面从 20 世纪 80 年代就注意到近代优秀历史建筑的重要性，多次强调对原租界区质量较好的单体建筑以及欧式风格建筑群比较集中的区域加强保护，原则上不大拆大建，使这一汉口历史风貌区成为蓝天下老汉口城市肌理的重要组成部分，成为武汉这座国家历史文化名城的实物支撑。

我们从汉口 200 多处近代建筑中精选出了一百多处文保建筑、优秀历史建筑编纂成册，并将后续展示更多的汉口地区近代建筑的历史，以利讲好武汉故事、增强文化自信，为推进汉口历史风貌区建设出一把力。

本书由王汗吾、侯红志、邓伟明策划，撰稿和配图由侯红志、韩少斌、王汗吾承担，新近的图片由邓伟明、胡晋鄂拍摄并制作，最终由侯红志进行图文统稿，王汗吾作全书终审。江岸国有资产经营管理有限责任公司对本书的出版给予全力支持，武汉市汉口历史文化风貌街区经营管理有限责任公司在统筹安排、资料选择等方面给予具体帮助。

本书刊载的汉口历史资料图片（1861 年—1991 年）来源有四：一是来源于编者多年的研究收藏，二是来源于国家图书馆、部分大学图书馆及互联网社区的授权发布，三是源自对外文化交流中的馈赠或授权，四是源自“人文武汉”民间文保团队成员的私家收藏。

限于辨识能力和技术手段，我们无法对每一张未知来源的历史图片进行溯源；也未能将每一张已知来源的历史图片出处标明。这或许是一个遗憾，但这丝毫没有减弱我们真诚的感激之情，我们充盈心扉的谢意谨致（包括但不限于）：武汉晚报“汉网”论坛、“人文武汉”民间文保团队成员、武汉档案馆、法国国家图书馆、斯坦福大学图书馆（美）、康涅狄格大学图书馆（美）、根特大学图书馆（比）、布里斯托大学图书馆（英），以及和利冰厂创始人沃特·休斯·科赛恩的孙子杰拉德·科赛恩、和利冰厂的合伙人克鲁奇的孙女伊莲娜·马丁和旅英华人（武汉籍）、文史爱好者范榕等。

在今后的城市建设中，我们仍然满怀憧憬和信心，这些承载着厚重时代风云的历史建筑会成为“网红打卡点”，将伴随着我们英雄的城市走向更加美好的远方。

王汗吾

2022年4月10日